不／換／屋

家的重生改造計畫

9~30坪原地改造必看，小住宅超坪效進化術

育兒期　　轉變期　　退休空巢期　　傳承期

Ch1 啟動家的再進化！

Step by step 改造開始

改造前的通盤評估　　　　　　008

裝修前的必要準備　　　　　　012

學習高效圖面溝通術　　　　　014

報價單與合約的重點詳讀　　　016

你一定要了解的工程法規　　　018

認識基礎工程　　　　　　　　020

搞懂設備工程　　　　　　　　022

了解裝飾工程　　　　　　　　026

避免日後糾紛的驗收術　　　　028

Ch2 家的超坪效改造計畫！

因應階段性需求創造最適切生活空間

【育兒期】共築幸福生活居心地　　032

【轉變期】用設計巧思滿足家的需要　　058

【空巢期】彈性調整預約舒適老後人生　　080

【傳承期】家屋的重生與傳承　　106

Ch3 局部坪效提升法則

找出關鍵點，把家變舒適

複合空間，使用更多元─彈性格局　　122

空間串聯，坪效更升級─合併動線　　138

整合延伸，活用畸零角─空間放大　　154

提升機能，生活井井有條─擴充收納　　170

Ch4 選對家具，空間利用再升級

掌握尺寸比例，小家也能寬敞美好

玄關》　　　　機能設計尺寸圖解　　188

客廳、書房》開放動線尺寸圖解　　192

餐廳、廚房》活用櫃體尺寸圖解　　196

房間、衛浴》層板巧思尺寸圖解　　200

CHAPTER

1

原屋改造
最重要的 9 堂課

01 改造前的通盤評估
02 裝修前的必要準備
03 學習高效圖面溝通術
04 合約與報價單重點詳讀
05 你一定要了解的工程法規
06 認識基礎工程
07 搞懂設備工程
08 了解裝飾工程
09 避免日後糾紛的驗收術

一目了然！
原屋改造 Step by Step 流程圖

清楚掌握從計畫到完成的每一項重點流程，循序漸進才能一勞永逸改造理想的家。

1 評估
· 釐清目的
· 啟動時間點

詳見原屋改造 Lesson1

6 申請建照
· 處理程序
· 了解法規

詳見原屋改造 Lesson5

2 考量
· 改造藍圖
· 預算擬列
· 過渡期的安排

詳見原屋改造 Lesson1

5 訂定契約
· 確認報價單
· 看懂合約

詳見原屋改造 Lesson4

3 準備
· 施工方式
· 選擇團隊

詳見原屋改造 Lesson2

4 溝通
· 看懂平面圖
· 認識設計圖

詳見原屋改造 Lesson3

工程簽約

- 確認費用
- 確認支付次數及
  時間點

動工前準備

- 調整生活方式
- 決定暫時居住點

基礎工程

- 屋況全面健檢
- 工程執行

詳見原屋改造 Lesson6

設備配置

- 管線配置
- 廚衛空調設定

詳見原屋改造 Lesson7

入住

完成了所有裝修改造，入
住的三個月至半年都還是
要留心各種細節，特別是
管線設備的運作，與你的
設計師和工班保持聯絡是
好方法。

驗收

- 監工表單
- 驗收表單

詳見原屋改造 Lesson9

家具進場

- 掌握尺寸
- 進場動線安排

裝飾工程

- 天、地、壁、
  門窗飾底
- 清潔工程

詳見原屋改造 Lesson8

Lesson 1

改造前的通盤評估

非重新裝修不可嗎？行動前，做好前、中、後期的規劃

　　居住區域的動土改造，就像是人生進入新的環節，是一種蛻變的旅程，所要花費的時間與金錢很可能超乎預期，最後的結果對於未來生活都將會有長遠的影響，事前作好全方位評估格外重要，真的非要砍掉重練現有的空間嗎？還是替換掉原有的櫃體傢具也一樣能達到目的？特別是小坪數型的住宅，每個空間都需要充份運用。

裝修改造思考點

　　如何思考家裡是否需要改造，以及裝修改造的程度呢？建議可從「功能」、「預算」、「風格」等三方面思考著手。

01 ＿ 功能

　　檢視家裡能提供的功能是否符合當下的需要，以及未來的需要。當下需要像是動線是否順暢？空間是否寬敞？收納空間是否足夠？因應家人成員的變化，也可能衍生出未來需要，如家裡添了寶寶、老人照護等。

02 ＿ 預算

　　能為工程付出多少預算？這決定了未來工程的規模與品質。另外時間也是無形的金錢，進行裝修改造所需耗費的時間有多久？是否要請假監工等。除此之外工程的過渡階段也會衍生出額外的花費，如租屋費用，都是需要考量的重點。

03 ＿ 風格

　　儘管對大多數家庭而言，風格的轉換對於居住並沒有實質上的必要性，但卻能在精神上、心靈上有正面的幫助，脫離熟悉的空間、走入自己喜歡的新空間，創造新的生活體驗。

充分了解住屋狀態

決定動工之前，屋主對於所居住的房子要有徹底的了解，才能確實掌控每一個改造工程的細節，並能針對需求減少不必要的花費。

別以為住得久就算了解，這其中還包括「實際坪數」、「屋齡」、「空間尺寸結構」、「管線位置」等，可以透過「買圖」─委請專業人員製作空間圖，從圖面全盤掌握所有看得到（格局、動線）、看不到（管線）細節。另外也可委請室內設計團隊，或是值得信賴的工班師傅進行一次居家空間檢測，倘若有管線設備老舊等問題，也能一併在改造時處理。

什麼是「買圖」？

所謂「買圖」，就是請室內設計公司或工班出圖，像是平面圖、立面圖、3D 透視圖及施工圖等，費用通常依圖面詳細度、繪畫方式及住屋坪數而有不同，通常 NT$3,000 至 NT$30,000 不等。

該在什麼時間開始動工？

一般時間規劃通常是以完工可入住的時間往前推三個月，且裝潢時最好避免因節日假日造成中途施工中斷，如遇農曆春節等，導致太長時間無人看管工地造成危險和損失。另外建材和傢具最好在裝潢之初就行決定，減少因進口問題或是缺貨讓完工日延後。裝潢也有淡旺季之分，一般年前是旺季，年後則為淡季，

裝潢工程中「先破壞後建設」是最大的原則，從敲牆、清除舊有的裝潢等工程開始，再來是水電配管工程，木作、泥作、鋼鋁、空調等工程再搭配進場。

圖片提供＿優士盟整合設計

愈是功夫好的設計師或工班師傅，檔期愈滿，多問朋友經驗介紹熟識的裝潢團隊，或是早點預約檔期，都會比較安心。

在擬定施工進度表時，並非所有的裝修的工程都要一次完成不可，若預算有限，不妨依序分階段、挑項目來作局部性施工。一般新成屋的微調，少了泥作拆除，能省下較多時間，會抓 2 個月內完工，但中古屋及老屋就要視複雜度來作評估，一般來說至少需要 2 ～ 3 個月的時間，有的甚至長達半年至一年。若是有管委會管理的大樓，則要事前提出裝修申請，每個大樓依施工規定不同，工程時間也會有所影響。

工程項目所需花費時間			
工程項目	所花費的時間（天數）	工程項目	所花費的時間（天數）
保護工程與拆除	2 ～ 5 天	泥作、水電	12 ～ 15 天
木作、水電	10 ～ 20 天	水電管線與空調	3 ～ 7 天
五金玻璃工程	10 ～ 20 天	塗裝工程	2 ～ 5 天
地板及其它	3 ～ 5 天	清潔收尾	1 ～ 2 天

過渡期的居住安排

　　裝修時間少則 2 個月，長則半年，因此決定要施工時，建議先確認是否有其他可借住的空間，以節省租屋費用。倘若物件太多擔憂收納空間不足，台灣近幾年引進客製化的便利倉／迷你倉，主要解決不同的居家、商業儲藏的問題，短期使用很適合採用這樣的方式解決收納，一般來說，費用以月租計算，依照承租的容量而定，多在 NT\$1,000 ～ NT\$7,000 元之間。

　　若家人沒有空間能長時間居住，則開始搜尋租屋資訊。有意願短期出租的，多為職業房東，往往會藉著增加租金，減少空屋期無法收租的金錢損失，像是原本一個月 NT\$8,000 元，可能會提高到 NT\$10,000 元。因此在有短期租屋的需求下，要有租金較高的心理準備。並注意押金的額度要低於租金，不應因短租而提高，這樣是不合理的。

地區建議不用離現有的生活圈太遠，上學、上班的通勤時間和路線也可如往常一樣，不用適應新的生活圈，也可就近搬家或是監工。

插畫提供／黃雅方

Lesson 2
裝修前的必要準備
房屋狀況謹慎觀察了解，讓改造不費心又省力

　　屋況的好壞，會影響到打算翻修時在空間規劃及工程進行的複雜度。而當只能隔成三房的空間，硬要變成四房；或者天花板維持的乾淨平整，但硬是想做木作天花板，都會增加裝修的難度和裝潢預算，很多空間格局因需要的不同而要經過調整，但格局調整和施工都有其專業，找到對的設計師獲得專業評估，進而找到專職的工班師傅進行施工。

　　決定選擇設計師或工班時，建議去看設計師或工班正在進行的工地現場，現場可以發現工班品質好不好，如果工地現場管理的好，並有裝潢許可證，就會更有保障。

裝修的四大思考重點

　　如何調整房屋設計難度，以及有那些撇步該知道？建議可從「隔間」、「硬體」、「材質」、「施工方式」等四方面作思考。

01 隔間
　　將必要之隔間變更減至最低。保有、依循部分原有的隔間，可以讓你在設計上較易進入狀況，不至於抓不住重點。

02 硬體部分
　　先將結構、外觀、漏水等問題處理完畢。把房屋「硬體」部份的問題先解決掉，之後才能比較專注於室內的部分。

03 材質
　　盡量捨棄繁複的材質運用。太多的材料會增加設計上的複雜度，而且也不見得比較美觀。

尋找合格工班或設計師
朋友介紹的，但怎麼知道找到的工班或設計師有沒有問題？登記有案的裝潢公司，可至內政部營建署全國建築管理資訊系統入口網→營造業專區→建管資訊查詢→建築物室內裝修業登記查詢可輸入適當條件或直接查詢或室內裝修業登記所在地查詢。

04 ▪ 施工方式

　　不要硬著頭皮執行太困難或費工的改造。施工難度高的設計，不僅要更多預算，設計上的思考也不周全，例如燈光、電路盡量可以採重點表現為主，減少間接式或隱藏式燈光等難度較高的手法，改以簡單的吸頂燈、嵌燈為主。

如何選擇值得托付的對象？裝修團隊大評比！

專業團隊	優點	缺點
系統傢具商	可拆解搬移，並能針對新環境進行合尺寸的修改，品牌廠商除了提供系統傢具的設計服務，部分也有自營工廠，能確保產品品質。	由於尺寸制式化，而在板材、五金品牌大多為固定合作品牌，因此更換品牌的選項較少。
工班	只要能掌握發包流程及工程預算，找工班發包可以精省下不必要的花費。且從平面圖設計規劃到與工班溝通施作方式、監工等都有更為彈性的空間。親力親為完成，也多了對「家」情感面的認同和 DIY 動手的成就感。	裝修項目非常繁瑣，小到五金、手把，大到監工、驗收等大事都要自己張羅。挑建材及監工都需要有耐心，所以花費的溝通時間成本相對更多。
設計師	裝修是需要時間和專業知識的，若自己是朝九晚五的上班族，且缺乏空間裝修的專業知識，找設計師裝修房子能有事半功倍的成果。	在收費上從涵蓋「純做空間設計出圖」至「監工、施工全包」都有，價格高低與設計師知名度有關，以及設計圖的經驗年份長短有關，當然知名度越高，技術價值豐富，收費就會越高。
訂製家具廠商	在細節上可接受客製化處理，規劃理想尺寸、功能、顏色、形狀甚至是外觀圖樣等。也適合小空間使用，因其容易移動，能夠節省空間浪費，並且兼顧生活機能。	本身要先清楚自己要的東西，再去尋找合適的訂製傢具廠商合作，溝通時要表達清楚需求，以及訂製到完工的時間，如此一來，才能掌握完工的時間。

Lesson 3

學習高效圖面溝通術

最重要的溝通媒介，落實家的裝潢進度從圖開始！

　　「平面配置圖」是室內設計的溝通媒介外，其中還包含空間配置的觀念，不管是與設計師或工班溝通，都一定要有平面配置圖，才能清楚知道有沒有達到自身需求。例如客廳空間的面寬最少要 4 米以上、尺寸的概念像抽屜的深度，有時覺得差一公分沒什麼，但差一公分很有可能連抽屜都無法順利開闔。

如何取得平面配置圖

　　「平面配置圖」的取得，與設計師的合作方式能分為「單純空間設計」、「設計連同監工」；當然也有常見的免費室內設計軟體，能夠畫出精美的 2D 和 3D 圖。

01 _ 單純空間設計

　　在完成平面圖後，就開始簽約支付設計費，多半分 2 次付清，設計師要提供屋主所有的圖，包含平面圖、立面圖及各項工程的施工圖，如水電管路圖、天花板圖、櫃體細部圖、地坪圖、空調圖等。設計師還有義務幫屋主向工程公司或工班解釋圖面，若所畫的圖無法施工，也要協助修改解決。

02 _ 設計連同監工

　　設計師除了提供上述的設計圖及解說圖外，還需要負責監工，定時跟屋主回報工程施作狀況（回報時間由雙方議定），並解決施工過程中的所有問題，付費方式多分為 2 ～ 3 次付清。

03 _ 免費室內設計軟體

　　軟體如「SketchUp」，為免費且多人使用的軟體，模型多，功能完整；「Floorplanner」，也是老牌線上軟體，能畫出手繪效果；另外「Planner 5D」有手機 App 版，可在 Android、iOS 上使用，簡單易學。

秒懂平面圖步驟，裝潢新家不困惑

步驟 1	先找到入口位置。
步驟 2	了解空間之間的關係。
步驟 3	觀察空間區域比例大小。
步驟 4	掌握跨距尺寸。
步驟 5	注意設計說明。

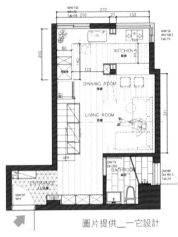

圖片提供__一它設計

從入口位置出發，一一找出空間，像是客廳→餐廚→主臥→衛浴等，循序比對每個區域的位置。

認識設計圖讓裝潢更省時

原始隔間圖	設計師在完成丈量後，會先給空間原始平面圖，上面會標示管道間位置及門窗位置，屋主可先找到出入口、確定方位，了解整個空間格局現況。
水電配置圖	包含插座、電話、網路、電視出線口的位置及出線口的高度，還有數量。
櫃體配置圖	確認櫃體包含衣櫥、收納櫃等位置是否符合需求。
門窗＋樑尺寸圖＋天花板照明	設計師會在門窗位置標上尺寸圖，要知道門窗的尺寸，就要先認識一下圖上標示的代碼。樑會影響到空間的規劃，要先確認樑的位置，通常樑是以虛線表示；並確認天花板的位置及高度，照明的方式包含燈具的的位置及型式。

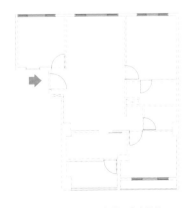

圖片提供__朵卡設計

拿到如上圖這樣的原始隔間圖後，屋主可先找到出入口、確定方位，了解整個空間格局現況。

Lesson 4

報價單與合約的重點詳讀

看懂報價單玄機，簽對合約有保障

　　當好不容易湊出一筆裝修費，要如何妥善運用才不會被設計師或工班當冤大頭，且避免無限度的追加裝修預算的狀況呢？這時，怎麼看懂報價單就相當重要，清楚又明確的報價單，對於各項費用的細目都詳盡列出，一來方便討論，二來再追加預算，或減少預算移做他途時，屋主與設計師也能一目瞭然；而除此之外，不管找設計師、工程公司或工班，簽合約也是極為重要的環節，就算委託親朋好友裝修，為避免日後糾紛，雙方都要簽訂合約才是最有保障的作法。

仔細研讀報價項目以免當冤大頭

01_ 請認明公司地址與聯絡電話，對於消費者較有保障。

02_ 確認客戶名稱以防設計師拿錯報價單。

03_「式」為裝修計價單位，意指「款式」。

04_「廢棄物拆除清運車」費用常容易被人遺忘，請認明計價方式。

05_ 衛浴、陽台與廚房的防水工程為必要之基礎工程，請勿刪除此部分預算。

06_ 請詳述生活需求，設計師可將設計規劃其中，不但美觀且更為方便。

從委託的裝潢公司開始，逐項了解每個條列內容、單位、數量、價格，任何口頭約定都需要補充進去。

**設計開發有限公司
台北市民生東路2段141號8樓

TEL:(02)25007578　FAX:(02)25001916

工程預算　ESTIMATE

客戶：葉先生　　　　　　　工程地址：

報價日期：　年　月　日

項目	品名	單位	數量	單價	金額
三	水電工程				
1	總開關箱內全換新	式	1		
2	冷熱水管換新	式	1		
3	天花板電源線換新	式	1		
4	壁面開關插座配管配線	式	1		
5	全室電話配管配線	式	1		
6	客廳及主臥電視線配管配線	式	1		
7	書房網際網路配管配線	式	1		
8	配排水管工程	式	1		
9	衛浴設備按裝工資	式	1		
10	燈具按裝工資	式	1		
11	陽台配水管	式	1		
12	陽台配排水管	式	1		
四	燈具工程				
1	主燈	盞	3		
2	BB崁燈	盞	21		
3	吸頂燈	盞	1		
五	木作工程				
1	浴室天花板	坪	1.2		
2	書櫃旁封壁板	尺	4.5		
3	CD櫃	尺	5		
4	書櫃	尺	5		
5	主臥衣櫃	尺	6		
6	房間門框及門片	組	2		
7	全室天花板	坪	15.5		
8	全室木地板	坪	15.5		
9	陽台處玻璃隔間及玻璃拉門	尺	11.5		
10	全室窗簾盒	式	5		
11	全室踢腳板	式	1		
12	廚房壁面水泥板	式	1		
13	廁所拉門	式	1		
				TOTAL	

總額：新台幣：　　　佰　拾　萬　千　佰　拾　元整

圖片提供＿朵卡設計

07_ 需要另外計價的工資部分有：木作工程、泥作工程、空調裝設、衛浴與廚具安裝、燈具安裝與系統櫃安裝等。但是大多木作與泥作工程報價皆為「含工帶料」。

08_ 數量請確認。

09_ 不同工程進行有不一樣的單位計算，要清楚知道計價單位及方式。

10_ 封壁板多用於老屋工程，可省去重新批土、粉光所需花費的時間與金錢。

11_ 窗簾盒為窗簾上方突起遮住軌道之部分。

12_ 踢腳板規劃考量工程收邊與清掃問題。

13_ 油漆工程裡的透明漆常是被遺忘的部分，有助於物件使用年限與清潔問題。

14_ 清潔費為工程完成後之必要支出費用。

15_ 工程管理費約總工程款的 5%～ 10%。

合約內容重要項目

01 _ 室內設計合約確認重點

　　通常在雙方已就格局取得共識，委託設計師做進一步規劃時才正式簽訂，簽約時通常只附上平面圖，等合約簽定後，設計師再陸續出圖，圖包括了立面、水電、燈光、櫃體、空調、地板等最少也要 20 張以上的圖，有些設計公司為施工更精準，甚至能出圖到 70、80 張，不會只有平面配置、立面及透視圖。

02 _ 工程合約確認重點

　　在一般固定的工程承攬合約中，必須載明的共有 9 項，依序為工程範圍、工程期限、付款方式、工程變更、工程條約、工程驗收、保固期以及其它事項，設計公司名稱、負責人資料也須清楚載明才有保障。

圖片提供＿朵卡設計

附約內容有哪些？

除了主合約外，通常也要再簽附約，附約包含設計圖及工程費用的細項、數量。此外，建材的內容規格及品牌，也能列在契約附件中作為驗收的依據。另外屋主如果擔心裝修的建材，可能是從別處拆卸下來的舊品或半新品，建議契約中可特別標註對新品的要求。

Lesson 5

你一定要了解的工程法規

詳讀室內外相關法條，避免違規白花冤枉錢

為了維護居住公共安全，政府規定集合住宅室內裝修需要申請許可證才可施工，完工後也要經過勘驗合格。所以找設計師或工班時，自己最好對室內裝修法規有所了解，舉例來說，如果房子是位於六樓以上的建築物，或想多隔間、增設廚房或衛浴，就有申請的必要，且陽台外推也絕對不合法，在裝修前要先了解有哪些法令上的規範，才能避免誤觸法律。

申請室內裝修許可證重點需知

01 _ 兩段式申請

標準的室內裝修許可申請包含兩部分，首先委託室內裝修業或開業建築師「設計」，並向市政府工務局或審查機構申請審核圖說，審核合格並領到政府核發之許可文件後，始得施工。再來施工委由合法室內裝修業或營造業承作，完工後向原申請審查機關或機構申請竣工查驗合格後，向政府申請「室內裝修合格證明」才算完成。

02 _ 簡易申請

除了一般程序，居家裝修樓高 10 樓以下、面積 300 平方米（約 90 坪）以下或 11 樓以上面積 100 平方米（約 30 坪）以下，沒有動到火消防區劃者，能採用簡易申報，只要找具審查資格的單位（如建築師）圖審簽證，即可施工，完工後繪製竣工圖，再送建管單位查驗領取室內裝修合格證明。

結構安全是建築的基本要件，台灣多地震，有時會導致建築物結構鬆動，在裝修中古屋、老屋時，更要注意結構上的問題。

圖片提供／優士盟整合設計

室內法規篇重點需知

01 _ 拆除時不可拆樑柱及承重牆

樑、柱及承重牆對建物本身有支撐、承重的功能，基於安全上的考量是不能任意破壞的。如果有動到結構體的部分，要經由建築師或經過認證的結構技師審查並送交建管處通過後，取得並張貼「室內裝修施工許可證」才可以進行施工。

02 _ 夾層或樓中樓，裝修前需確認合法性

房子在最初申請建造執照時，若有包含「夾層」結構體，也有取得使用執照，就可裝修夾層。否則任意裝修、增減樓地板面積屬於違法。可要求建商出示建造執照，再依執照號碼向當地主管建築機關查詢，以確認夾層合法性。

攝影 _ 許嘉芬

台灣常見的頂樓加蓋，基本上都是違建。

03 _ 分戶牆變更需要區分所有權人同意

更動分戶牆時，要取得該大樓之區分所有權人之同意，且戶數變更後每 1 戶都應設有獨立出口，在申請裝修許可前，與鄰居作好溝通也很重要。

戶外法規篇重點需知

01 _ 頂樓加蓋或整修需先向有關單位申請

許多舊屋都有頂樓或前後院加蓋的情形，因此，對於違建的管理及修繕更是不得忽視。先向有關單位報備，可省卻很多的麻煩及被告的困擾，也不至於讓花在改裝上的錢白白浪費。

02 _ 加蓋雨棚需全體住戶需書面同意，並符合建造規範

違章建築認定基準取消後，頂樓加蓋及興建雨棚均屬違建，都將被強制拆除。要在公寓頂樓加蓋雨棚，高度不能超過 1.5 公尺，四周不得建造牆壁，並取得該棟建築所有人全數書面同意後，經建築師簽證向建管處申請建築執照才能增建。

認識基礎工程

對工程項目流程，做全盤性了解

超過 20 年以上的房子因為屋況老舊，像是水電管路、門窗、廚具、衛浴設備等大都不堪使用，需要全面更新，若沒有充足的裝修預算，很難改造到令人滿意的程度，因此如何做好裝修財務計劃就很重要。除此之外，了解工程項目的輪廓，將對裝潢過程更能掌握。

基礎工程包含的項目

藏在空間架構裡的「基礎工程」為房屋裝修的前置作業，裝修前先替整體屋況做健檢，解決房屋受危害的狀況，如蟲蛀、漏水、壁癌、結構補強等，以及排除不必要的空間量體，如拆除老舊天花板、多餘隔間牆或櫃體等。接著再進行新的空間架構配置，從鋁窗裝設、隔間牆配置、電線迴路安排，到水電管線設置，建立起空間框架的基礎。之後進場的泥作工程，目的其一為修飾埋在牆體裡的各式管線，另一為加強室內隔音、防震、防水等效果。基礎工程工序可大略分成以下：

01 _ 保護 & 拆除工程

所有裝修前要做的重要工程，一是保護，適當的包壁包管，避免誤傷到裝修之外的其它地方；另一為拆除，拆除工程最重要的就是進行中要避免損壞結構牆、載重牆，拆除之前必須要先斷水斷電。

拆除工程進行的方式，通常可分為「一次性拆除」和「分批拆除」兩種。

圖片提供／優士盟整合設計

02 _ 水電工程

　　裝潢前請工班先檢查水電管路是否老化，評估水電重鋪的必要性。而廚房內的電器設備因為所用線徑較粗，通常需要獨立的配線以及無熔絲開關。

03 _ 泥作工程

　　泥作包含鋪磁磚、石材、水泥粉刷等，為了讓溝縫材質能和牆面確實結合，貼完磁磚隔天再進行抹縫。填縫時，地板與壁面都要注意防水性是否足夠。

圖片提供／優士盟整合設計

04 _ 鋁門窗工程

　　鋁門窗工程通常搭配泥作工程一起進行，施工分乾式和濕式。乾式工法常用在舊窗外框不拆除而直接安裝新窗戶時；濕式工法則為一般鋁門窗安裝在牆面的方式，經過泥作填縫，隔音防水都較佳。

圖片提供／優士盟整合設計

水電工程的項目包含：老屋全室冷熱水管、全室電線抽換更新、衛浴安裝工資等。

05 _ 地板工程

　　更換地板是舊屋翻新裝潢工程中常見的項目，尤其是廚房地磚的更換，或原有架高木地板的拆除，想省錢也可避開拆地板，在原有地磚鋪上木地板。地板工程完成後，應做好保護防護措施，再進行後續工程。

中古屋、老屋預算重點放在基礎工程

　　請記住維護住的安全才是首要重點，因此氣密、隔音效果不佳的鋁窗，勢必要全部更新，將老舊隔間全部拆除也是很常見的，除非現有實牆結構在可加強的安全範圍內，且不影響採光通風的動線格局，才有機會保留下來。

　　老舊水管容易有生鏽和漏水問題，電線也不一定能負荷新式家電的用電量，這筆裝修費用不可省略。因此預算重點放在泥作與水電等，至於預算被壓縮到的收納木作費用，能用系統傢具或現成傢具取代。

Lesson 7
搞懂設備工程

空調、衛浴與廚房設備的細節，常被遺漏，看報價單時不可輕忽

　　屋齡超過 10 年以上的中古屋或老屋，廚房及浴室的設備多已老舊，廚具及衛浴設備都要更新，而這些設備的費用差距也很大，國產及進口的價差會達數十倍，除非對質感或品牌相當要求，建議設備連同冷氣工程，在花費上最少要佔總預算的 2 成 5。

空調工程包含的項目

　　空調施作的變動工程因素包含擺放位置、距主機遠近、出風口、排水等。一般來說，老屋通常最多只有預留舊式的窗型冷氣開口，因此能趁全室拆除時，重新分配管線位置。

　　現在空調主要分成「壁掛式」及「吊隱式」兩種，在裝修工程前，要先確認好空調機與主機的位置，以預留管線位置，壁掛式如果不做修飾，直接掛在壁面，會容易遇到與室內風格不相容的問題。吊隱式的優點為只留出風口，不會影響到室內風格設計，吊隱式冷氣安裝得考慮室內機擺放位置、管線路徑等，還要做天花板修飾，一般施工費用約佔機器設備的四到五成左右。

冷氣設備的推估行情		
工程項目	價格	備註
窗型＜分離式（掛壁）＜分離式（吊隱）＜中央空調	價格視機種及品牌而定	空調安裝費用 壁掛式約 NT. $6,000 ～ $8,000 元／台。吊隱式約 NT. $8,000 ～ $10,000 元／台。
空調配管迴路	NT$2,000 ～ $2,500 元／迴	／

註：以上表列為參考數值，實際情況依各別案例狀況有所調整。

廚具工程包含的項目

廚櫃和內部五金收納不斷推陳出新，在收納規劃和廚櫃使用上有各式不同的設計巧思，選擇正確設備和材質成為首要考量，建議有以下的思考方式：

01 _ 廚櫃形式

分吊櫃、底櫃和落地櫃。一般在收納不常用且較重的器具時，建議放至底櫃；較輕、使用頻率高的物品應擺放於靠近櫃門的地方。另考量到日常操作的便利，吊櫃多朝向更省力的設計發展，如廣為人知的自動式或機械式升降櫃，能省去使用椅凳取放吊櫃物品的不便。

02 _ 廚櫃櫃體

材質可分為木心板、塑合板、不鏽鋼等。其中，不鏽鋼的桶身具有防水，防腐蝕的功能、堅固耐用，建議用於有裝置水槽的底櫃。而木心板和塑合板桶身較容易受潮，一旦受損，細菌和蟑螂較容易滋生，因此較適合用於上方的吊櫃，相對而言比較不容易有沾水的機會。

圖片提供／優士盟整合設計

針對廚房使用需求，選擇適合的排油煙機，就能讓料理成為一種生活享受，而非渾身油煙的不便。

03 _ 開放式廚房形式

設計上為了配合整體風格，排油煙機也被納入居家空間中展示的一景，而排油煙機的寬度最好比瓦斯爐再寬一些。瓦斯爐寬度一般約 70 ～ 75 公分，最好選擇 80 ～ 90 公分左右的排油煙機。常見款式分為：

傳統斜背式或平頂式	傳統機型，排風力較強，但機具的厚度較厚，較佔空間，考量到厚度的問題，目前則較少使用。
歐風倒 T 式	改良以往排煙力弱的缺點，設計出高速馬達，馬達轉速越快，排油煙的力道更強。造型美觀適合搭配歐化廚具，常做為開放式廚房中使用的器具之一。材質多以不鏽鋼與鋁合金為主。

廚具設備的推估行情		
工程項目	價格	備註
廚具設備	檯面及門片約 NT$250 ~ $400 元左右／公分（檯面及門片材質及尺寸不同而有差價）；三機及收納五金則視品牌等級及數量而有價差。	檯面及門片計算方式為每公分單位；三機及收納五金則視品牌不同而有不同，進口品牌較貴。

註：以上表列為參考數值，實際情況依各別案例狀況有所調整。

衛浴工程

衛浴設備雖走向設計感、精緻化的造型，然而仍要回歸基本的實用性，材質、功能也是要考量的重點。空間本身條件，會決定使用的尺寸和材質，尤其空間愈小，限制愈多，各個設備的尺寸更要慎重考慮。建議以下幾點為必要需知：

01 _ 浴缸面盆下底座支撐要確實

上嵌和下嵌式兩種不同的做法，會讓面盆有不同的呈現。主要注意的是要配合石材檯面，注意高度是否符合人體工學，並且要注意防水收邊的處理。上、下嵌式臉盆的下底座支撐要確實，避免事後掉落，尤其是下嵌式臉盆，由於下方通常為懸空，所以若施工時不可稍有閃失，以免日後造成意外。而獨立式的面盆，以充滿流線感的卵型面盆最具代表性。

02 _ 抽風設備施工原則

衛浴用抽風設備從基礎的風扇，三合一抽風機、多功能式乾燥機、多功能照明設備＋抽風暖風，單價從千元到十多萬元都有；安裝前務必檢視浴室環境，有些機器本身高度將近 50 公分，但天花板只有 30 公分，就無法安裝；出風口要接在外面，管道間要好做密閉處理，否則一氧化碳容易滲進室內並造成中毒的危險。止風板的位置要確實就位，不可輕易拆除。

衛浴設計得好，加上設備
輔助使用更舒適。

圖片提供／優士盟整合設計

衛浴設備的推估行情		
工程項目	價格	備註
衛浴設備（馬桶、洗手槽、淋浴龍頭、浴鏡配備、淋浴拉門與抽風機等）	國產品牌約 NT$40,000 元以上（得視實際採購的品牌及數量而定）；進口品牌 NT$50,000 元起跳（得視實際採購的品牌及數量而定）。	衛浴設備的單價不一，得視產品的產地，就算是國外產品也分歐洲、美國及日本等品牌，其價格都不同。

註：以上表列為參考數值，實際情況依各別案例狀況有所調整。

Lesson 8

了解裝飾工程

做足裝飾工程，為室內門面把關

　　裝修工程泛指任何在空間結構表面的工項，也可稱裝飾工程，完工後才可進行後續軟件工程，如窗簾、傢具等設備進場。

裝飾工程包含的項目

　　結構安全、設備線路的基礎工程作業完成後，由木作進場，開始為空間設置儲物的收納櫃、輕隔間，和天花板封板將電線管路藏起來，以及門片的設立。等表面飾底工程都完工後，就輪到天、地、壁裝飾工程階段。裝飾工程工序可大略分成以下：

01 玻璃工程

　　玻璃工程為防止被油漆沾附，通常最後才進行裝設。玻璃具有穿透、反光的效果，適合當成隔間牆使用，或用在櫃門、樓梯側面等處。中古屋、老屋裝修，預算主要花在基礎工程上，在玻璃工程的預算可降低。

02 木作工程

　　裝修都會有木作工程，只是多寡而已，木作可以修飾空間格局，也能量身訂製。木作工程是進入裝修階段的開始，施工範圍包括天花板、櫃體、隔間等。針對中古屋、老屋在基礎工程前段可能會已經花掉大部分預算，因此木作上的花費，相對減少許多，倘若收納櫃不足的部分，能用現成傢具或系統櫃取代，另外天花板選擇做局部天花板，甚至不做天花板以噴漆美化即可，以節省預算。

木作櫃體注意事項

木櫃做好後，若想在上面貼木皮，要注意紋路上下整片都要接合，紋路方向性一致、切割比例對稱，以避免不協調或拼湊情形出現。

圖片提供／優士盟整合設計

03 _ 油漆＆壁紙工程

　　等到所有工程都完成後才能進場，一般油漆工程包含天花板、壁面及木作櫃面。油漆工程的估價方式多以「坪」數來計價，價格會依水泥漆、乳膠漆、環保漆，或品牌不同、施工工序的繁複程度而有差別，一般油漆施工多以「一底三度」來施作，連工帶料一坪約 NT\$900 元～\$1,200 元左右；壁紙挑選重點則除了風格考量，也應該依照空間使用特性，挑選較為容易清潔擦拭、耐刮磨、防水、阻燃、吸音等效果的素材，也可依照喜歡的空間氣氛、需求尺寸，搭配出簡單素雅或華麗高貴等空間情境。

04 _ 窗簾工程

　　進行窗簾工程前，應先讓木作包覆冷氣管線、丈量窗戶尺寸、挑選布料 、鎖定左右兩側支架，最後才安裝窗簾。挑選窗簾多是在居家改造後段，當無法掌握對於窗簾功能上的需求，例如景觀、西曬、噪音、隱私等，可以先觀察光影在室內一天的變化，再做判斷。用「用風格來完成功能」，如果沒有弄清楚裝窗簾是為了什麼，只專注在挑布料花色，就無法精準發揮窗簾的功效。

05 _ 清潔工程

　　裝潢到尾聲，新家大致成形，入住前的清潔工作不可少。清潔工程步驟包含清除牆壁粉塵、清除天花板粉塵、吸除櫃體粉塵、洗刷地板和清理櫃體、鋁門窗、刷洗陽台和庭院地板等。另外專業裝潢清潔通常會以機器用具處理，例如業務用吸塵器、拖地機等非一般家庭清潔使用的電器，使用的清潔劑也不大相同，專業清潔劑通常都較家用強效，如有不慎也容易破壞裝潢，有專業知識的清潔人員才可熟練操作。

圖片提供／優士盟整合設計

傳統木作範圍包括「天花板、地板、牆壁」，幾乎涵蓋了室內裝修的主要部分，有時木作人工的費用很可能比材料費還高。

圖片提供／優士盟整合設計

入住新環境儘管迫不及待，但還是要注意天地壁櫃的粉塵、殘膠是否徹底清理，才能清爽又安心。

Lesson 9
避免日後糾紛的驗收術

有效監工、確實驗收，讓裝潢無糾紛

　　裝修工程進行時，倘若前一項工程沒有做好收尾，很可能會影響下個工程的進行，當每項工程完成後，都要確實做好驗收。另外驗收時，手邊要有平面圖、立面圖以及施工剖圖等監工圖，圖面上更應清楚標示施工範圍點，例如水電開關、插座位置與高度等，驗收時才能既比對實況。

羅列監工表單，照表操課防被坑

　　監工內容繁雜瑣碎，包含拆除、砌磚、水泥粉刷、石材、磁磚、衛浴、水工、壁紙、電工、木工、廚房、油漆、鋁金、地毯、窗簾等工程，建議依裝潢工序將表單整理羅列，再規劃出每一表單重點：

保護與拆除	施工前防護措施是否完整、拆除時間點、工序等。
水工	排水系統、PVC 管、新舊管接合、冷熱水預留間距等。
電工	施工人員證照、施工圖、保護措施、配線繞線、電路預留等。
水泥粉刷	水電管線、門窗框檢查、水泥狀態（品牌／型號確認）、墊高工程等。
石材工程	石材來源、破損瑕疵、紋路對花、防水收縫、支撐力、載重力等。
磁磚＆砌磚	水平與垂直、工序節奏、銜接工程、防水排水處理、水灰比例等／尺寸位置、滿縫處理、事前防水事後清理、有無對稱等。
木工	施工圖是否確認、防潮措施、素材是否有瑕疵、素材規格等。
鋁金工程	實物尺寸圖形、門窗方向、表面檢查、扣具零件、防水處理、伸縮邊預留等。
輕鋼架隔間	位置、開口、尺寸、鋼材與結構、預留縫隙等。
窗簾	布樣確認與尺寸、車縫線、鎖軌道、防潮處理、地面防護等。

廚房工程	安裝人員認證與安全認證、安裝前管線徑、排油管狀態、尺寸、散熱裝置等。
衛浴工程	水電圖確認、設備清點、進水狀態、防水度、支撐力、收邊等。
油漆與壁紙工程	有無油漆表、色號正確性、壁面狀態、補土補縫、收邊防護、染色劑等／牆面壁癌與平整度、施工前檢查、膠料、防霉處理、出孔線、收邊等。
地毯	收邊、位置、平整度、佈膠措施、是否貼合、防火標章等。

羅列驗收表單，保障自身的權益

驗收文件	各式施工圖、報價單、說明書、保固說明書等。
木作工程	木地板、木皮、牆面造型、線板完整度、櫃子等。
塗裝工程	披土平整性、瑕疵痕跡、打底工作、噴漆上蠟、壁紙對花、縫隙等。
磁磚工程	平整度、貼齊度、縫隙、缺角裂痕、是否有空心磚。
水電工程	確實核對管線圖設計圖、插座數目位置、安全設備、漏水情況、管路暢通等。
鋁門窗工程	是否符合設計圖、開關平順度、隔音、尺寸確認、密合度等。
鋁門窗工程	是否符合設計圖、開關平順度、隔音、尺寸確認、密合度等。
五金工程	抽屜抽拉平順度、五金是否符合設計圖、大門鎖是否扣牢與最後更換點交。
窗簾工程	款式尺寸確認、平整性、裝設是否有瑕疵、是否對花等。
其它工程	所有門窗開關是否平順、防撞止滑工程是否徹底、材質填縫平整度、隔熱防漏等。

　　合約中使用「驗收通過」做為「尾款支付」、「逾期違約計算」、「保固」等條款的起算點。並針對之前各項工程階段初驗不通過的部分，逐項檢驗進行總驗收完成後，再付最後尾款，並將付款條件和逐步驗收通過結合在一起，避免雙方對完工認知差異所衍生的爭議。

家的超坪效
改造計畫

因應階段性需求創造最適切生活空間

01 【育兒期】
打造幸福生活居心地

02
【轉變期】
用設計巧思滿足家的需要

03 【空巢期】
彈性調整預約舒適老後人生

04
【傳承期】
老房新生創造新生活

育兒期

共築幸福生活居心地

迎接新成員，打造新家園的第一步

婚後二至三年內若有生育計畫，可以開始以小孩
為生活中心，設計專屬新生兒的生活空間，並為
二、三胎做預備，或是一家三口的活動範圍。

運用採光調整格局，老公寓也能翻轉出新生命

陽光、空氣、水　滿滿幸福滋養的光合溫室宅

寬敞的空間不一定是全家人幸福居住的標準答案，跳脫坪數的先天限制，透過貼心的設計，也能在都市叢林裡擁有私人綠洲。

撰文／Ellen Liu
設計團隊／三倆三設計事務所

坪　　數	25 坪
屋　　齡	30 年
格　　局	3 房 2 廳 1 衛
居住成員	2 人 1 小
裝修耗時	5 個月
工程花費	160 萬

　　旅行的經驗總是會帶給人許多靈感，甚至改變對於生活中既定價值的定義或印象。一趟峇里島的蜜月旅行，讓屋主二人對於什麼是舒適生活有新意象。溫暖的熱帶區域天然建材與戶外大自然相呼應，模糊了室內室外的界線，讓人自然而然的放鬆心情，和緩呼吸。

　　將這樣的氛圍帶進位於台北士林的新家，並不是一件容易的事。僅有單面採光的老公寓，空間分割零碎，狹長陰暗，為了克服這些先天缺陷，將陽光跟綠意引進屋內，設計師回復了前陽台原本外推的部分，並打造了連接陽台、四面透光的溫室，將半戶外空間延伸至室內區域，成為 T 型的採光帶，使植栽自然的成為空間的背景。

　　媲美商業空間的工業風餐桌 / 吧台 / 收納櫃組合，讓年輕的屋主不需出門，就能邀朋友聚會小酌；附輪子的折疊餐桌可依使用需求調整，不影響狹長空間中的日常動線；考量家中成員需求重新調配空間，讓廚房從後陽台回歸到原始位置，使得屋主有了好用的洗衣間和廚房，不執著於擴張室內空間，生活品質可以更好。

<table>
<tr><td>設 計 師
改 造 重 點</td><td>解決狹長空間隔間不良、採光不足的問題，同時滿足屋主「空間內要有植栽」的期望，打造出 T 型採光帶；並針對家庭成員的與未來生涯，整併原有的隔間，並規劃出有育兒遊戲間的主臥室，同時預留兒童房，調整廚房及衛浴的位置和面積，提升使用坪效。</td></tr>
</table>

Before

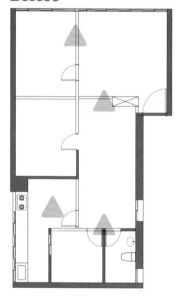

After

▲ 裝潢改造

平面圖細節對照

1 陽台內縮回復原始格局位置，改善室內通風和採光。

2 客廳和遊戲間中間規劃玻璃溫室，使光線和綠意延伸至屋內中後段。

3 擴大浴室空間，使其與兒童房牆面拉齊，並改變開門方向，減少畸零空間。

4 考量小孩在上幼稚園以前皆與父母同睡，擴大主臥室與遊戲房結合，增加使用彈性。

5 將廚房移回室內，使後陽台成為功能完整的洗衣間。

二手材料打造真正工業風

01

設計團隊直接自港務倉儲公司挑揀的舊松木條板,色澤質感都是真實的使用痕跡;為了
增加結構強度,木料都以法蘭片及不鏽鋼水管接合。由於在製作時國內打造這類型工業
風的經驗不多,組裝時必須摸索如何穩定栓鎖零件,是施工期間一大挑戰。

02

03

POINT 02　是臥房也是孩子玩耍的房間

主臥室採用較水泥粉光更細緻明亮的色彩，並施作天花板；房間前段的小孩遊戲區，與客廳間隔著三面玻璃牆的溫室，可以直接接收到整面陽台的採光，整體空間氛圍較寧靜祥和，唯有書架還是由水管和就木料製成，呼應空間整體風格。

POINT 03　立面設計改善細節

狹長空間使餐廳和臥房寬度不足，臥房門沒有足夠開門空間，使用一般推拉門使用時會阻擋動線，改成滑門設計，解決這項困擾。位於屋內公共空間端景的小孩房及浴室，則將牆面和門板做同漆色的隱形門片設計，使線條和色塊較為單純，視覺上更為簡潔。

POINT 04　特製折疊餐桌解決動線瓶頸

由於餐廳空間的寬度不足，放置四人座餐桌必定會擠壓到走道動線，影響活動流暢程度，設計師跳 現有家具的結構造型，量身打造伸縮折疊餐桌，能依據使用需求變化為兩人或四人桌。用木板和水管打造的餐桌屬於工業風餐櫃的一部分，可伸縮的桌框和輪腳，使用者能輕鬆改變桌型。

POINT 05　整合收納需求的多功能櫃體

狹小空間收納不易，過多的櫃體也會造成壓迫感。除了用懸吊的方式讓視覺感受較為輕盈，多功能餐桌組合兩側的收納櫃也有滿足玄關及一般家庭收納需求的設計。靠近大門口為鞋櫃，另一側則有吊掛衣櫃的功能。屋主有品酒小酌的興趣，不鏽鋼水管特製的酒架，特殊的造型讓主人的收藏成為視覺焦點。

04

05

05

CASE 02

一磚一瓦，都是給孩子最美好的禮物

從兒子呱呱墜地開始，長輩們為夫妻準備的房子愈來愈不夠用，於是針對孩子一切成長所需，重新安排家中房間的所有細節，在兒子上幼稚園之際，給他一份最好的禮物。

撰文／Ellen Liu
設計團隊＆圖片提供／一葉藍朵設計

坪　　數	28 坪
屋　　齡	40 年
格　　局	2 房 2 廳 2 衛
居住成員	2 大 1 小
裝修耗時	5 個月
工程花費	160 萬

　　這間位於台北精華區的 40 年老宅，是家中長輩原本準備給屋主夫婦的新婚宅，傳統的格局雖然規劃了較多房間，但公共區域顯得狹隘，室內採光昏暗，而爐灶外移到陽台更造成曬衣時沾染油煙的困擾。在兒子即將上幼稚園之際，屋主夫妻倆決定給他一份禮物：「一個可以在這裡快樂成長、舒適生活的家。」

　　設計師首先將書房與客廳合而為一，成為寬廣舒適的公共區域，讓全家人都能在此活動娛樂；原本外推的陽台還原，改善原本狹窄陰暗的缺點，空間明亮開闊之餘，還可因增添植栽綠意，提升生活品質。客浴改變開口方向，並以斜切角處理，動線不僅順暢，也避開馬桶正對廚房的問題；爐灶移回室內廚房，通透的玻璃拉門，讓媽媽下廚時也能同步照看著孩子。

　　另外也針對夫妻生活習慣調整了主臥室的尺度，改變衛浴的大小和開門方向，也使主臥有功能完整衣櫃，也不會感到壓迫。為爭取更寬廣的空間，全室都採不佔開門空間的滑門，加上活潑明度高的配色，用心打造讓孩子快樂成長的溫馨家居。

<table>
<tr><td>設計師
改造重點</td><td>改善採光不足空間狹窄的缺點，打開其中一間房納入公共空間，縮回外推的陽台，並將大部分的門片改成通透的玻璃；遷回爐灶至廚房位置，解決機能不全及油煙沾染衣物問題；改善主臥室和衛浴空間尺度配置和開門方向。</td></tr>
</table>

Before

After

▲ 裝潢改造

平面圖細節對照

1　開通原本書房，擴大公共空間，感覺更寬闊明亮。

2　回復原本陽台外推為真正的陽台，可以放置植栽，並可作為與戶外綠地景觀的延續。

3　回復廚房爐灶位置，使廚房與工作陽台洗衣間功能完整。

4　改變次臥衛浴設備及開門的方向，解決馬桶正對廚房的問題，斜角設計則不會一進大門就看到廁所。

5　主臥隔間牆往外推移60公分作為衣櫃使用，也讓睡眠空間更加寬闊舒適，不再是放進一張雙人床就充滿壓迫感。

6　主臥浴室改變開門方向，不再開門對床。

01

01　北歐風營造溫馨居家

改造的初衷，就是為了給上幼稚園的兒子一個良好的成長環境，因此以線條簡單明亮的北歐風為設計核心，配置以白色、淺木色、黃色、淺薄荷綠色營造立面繽紛端景，並綴以少量紅色的家飾或傢俱，打造跳色對比，客廳主牆漆上黑板漆，則能讓小朋友可以盡情揮灑創意。

02　減少一房，活動空間更寬廣

原本格局為了多一間房，大大壓縮客廳地坪，屋主考量到孩子小，需要多一些全家人互動的空間，反而不需要獨立的閱讀室，因此在幾番考量後，設計師直接拆掉連接書房的牆，並將客廳與陽台串聯，一下子騰出了比原本大兩倍的空間，創造寬廣且明亮的公共領域。

Before

02

03

04

順應生活習慣改造廚房

裝潢前原本的格局中，為儘可能應用空間，廚房爐灶移到了後陽台，煮飯熱炒時，
油煙味往往影響到衣物。而廚房占據了後方對外窗，也使室內採光明顯不足，因此
設計師將瓦斯爐移回廚房，重新設計適切的料理動線，牆面也使用女屋主最愛的六
角花磚，給這裡一個全新氣象。

04

04

04 調整隔間收納機能更加倍

主臥室原本有狹窄、收納不足的問題,在將原本牆面推出60公分做出完整的衣櫃空間,並將原本在結構柱一側的門移到另一側,頓時原本浪費的走道空間成為了一個可收納雜物的儲藏室;在公共空間中留有一小部分的獨立區塊,作為未來小朋友唸書的書房區域。

Before

拆解牆面打造開放餐廚區

原先昏暗的廚房，在開通牆面後，門面改為玻璃滑門，成為與公共區域相通的半開放空間，視野變得通透明亮，半開放式的格局讓屋主在料理的同時，也能兼顧小朋友的活動。緊臨廚房的餐桌也可以彈性成為孩子的閱讀書桌，再連結到客廳，全家人生活相處更緊密。

05

POINT
06　換個方向生活動線暢行無阻

浴室廁所馬桶對灶、對床，對大門，都是風水上的
不良格局，趁大幅改造時做些變動就可以避開這些
問題。主臥浴室改變開門方向，而原本面對廚房的
廁所，則整個改變座向，管線變動不大，但卻克服
了風水問題，廚房多了可以使用的牆面；在靠近大
門的部分大膽的切出斜角，讓衛浴門不對著大門或
公共空間，顧及風水之於，還讓入門視野開闊，動
線流暢。

06

CASE 03

調整餐廚位置，給孩子更多玩樂空間

簡單的風格，不簡單的家屋設計

一個家，在不同階段，需求也會因而產生變化。不再將就舊裝潢格局，把家變成有機體，透過設計的創意把想像化為實際，就能打造可以隨著孩子一起成長的屋子。

撰文／Ellen Liu
設計團隊 & 圖片提供／非關設計

屋　　齡	40 年
格　　局	3 房 2 廳 2 衛
居住成員	2 大 2 小
裝修耗時	6 個月
工程花費	350 萬 (不含廚具)

明明位於生活機能極佳的民生圓環，屋內卻沒有相應的舒適度。原本格局中，廚房位置是設置在房屋裡側，不靠窗的結果是抽油煙機管線過長效率不佳，吊隱式冷氣位置設計不良，也難以發揮正常功能，加上為了遮蔽樑和管線，原本就不高的空間被全室天花板壓得更低，讓位於明亮高樓層的房子感覺窄小陰暗。

　　身為醫生的屋主，最希望透過原屋改造，改良通風和採光，並堅持「不要弄得太複雜」。對這個原本被形容「亂」的空間，設計師的整頓方案是將廚房遷移到前陽台旁，而兩間衛浴都與工作陽台相連，使得通風採光排煙的問題一次解決。兩間次臥因為兩個孩子都很小，暫時並不需要各自獨立的房間，因此打通成一大房，並設計三個可作為臨時隔間的童趣造型大收納櫃，以因應未來孩子成長。設計師將這個案件命名 Minimalism，最精簡的線條和低彩度少量色塊，搭配水泥粉光牆面和盤多魔地板，在視覺呈現上也配合屋主極簡主義的品味。

| 設 計 師 改 造 重 點 | 將廚房移至前陽台旁，重整衛浴及工作陽台位置，使得兩間浴室都接鄰工作陽台，都有自然通風及採光；微調三間臥室及儲藏空間的尺度，合併兩間次臥為一大房，並保留各自房門，將來可用輕隔間或系統櫃分隔成獨立空間。 |

Before　　　　　　　　　　　　After

▲ 裝潢改造

平面圖細節對照

1　檢視原始使用執照圖，移動原本位於房屋內側的廚房到前陽台旁，排煙風管長度大幅縮短，並且靠近工作陽台及浴室，方便整合排水管線。

2　重整兩間浴室和工作陽台，使原本一套半的衛浴成為兩套連接工作陽台的衛浴，更衣洗衣生活動線流暢。

3　兩間次臥整合為一大間兒童遊戲房，保留房門日後可以隔成獨立房間。

4　重整主臥和更衣間隔間，規劃有效率收納，減少畸零空間的浪費。

01

02

POINT
01 低彩度簡約風格

為了實現屋主極簡主義風格的品味,使用大量水泥粉光主牆,地板用的是無機中性色調的淺灰色盤多魔地板,並採無縫地坪工法,除了操作要求技巧,老公寓地坪不平整也是挑戰之一,施工過程繁複;其他家具、櫃體也以低彩度、少線條的邏輯做搭配,除了植栽點綴,整體呈現簡約純粹的視覺印象。

POINT
02 多功能兒童收納櫃

彈性空間設計的兒童房,最大的亮點是三座造型隔間櫃,可收納衣物書籍,也是活動隔間。鮮豔的色彩和幾何積木造型有別於主要空間基調的成熟內斂,帶有濃厚的童趣;其中一座雙面書櫃折疊起來是座城堡,打開是座樓梯,賦予家具多樣的個性和功能。屋主對於建材的使用態度開放,願意嘗試新材料,因此櫃體材質除採用無甲醛的愛樂可松木合板之外,還使用葡萄牙進口,可直接上漆的沃克板。

03

POINT
03 異材質搭配增添視覺變化

在極簡低調的風格限度內,設計師僅用少部分的材質的原色搭配,賦予空間獨一無二的個性。臥室與浴室門片都是上下分割設計,臥室是用白色美耐加上柚木 KD 實木皮,浴室則用白色美耐加上柚木美耐板及實木收邊。而浴室地面採用復古水磨石磚,延伸到半牆高度,呼應門片線條。

03

CASE 04

空間重疊，精算每寸土地的改造奇蹟

跟著一起長大的家！小住宅變身魔法

孩子愈來愈大，原本只為夫妻兩人打造的小宅愈住愈擠，東西也愈堆愈多，在不換房的前提下，要如何憑空創造足夠使用的空間呢？

撰文／Jeana Shih
設計團隊／蟲點子設計

坪　　數	20 坪
屋　　齡	7 年
格　　局	2 房 1 廳 1 衛
居住成員	2 人 2 寶寶
裝修耗時	未提供
工程花費	未提供

　　這是一個屋齡 7 年的房子，一廳 2 房的 20 坪空間，對年輕小夫妻日常生活來說其實是綽綽有餘，但小孩出生後空間變得窘迫，各種伴隨孩子而來的居家雜物也愈來愈多，因此有了重新規劃空間的打算，找上了蟲點子設計團隊。

　　主持設計師毛毛蟲會勘了整個空間後，發現房子裡轉角過多，特別是近中央處的廚房切斷了動線與視覺，格局充滿無形壓迫感，讓已經很狹隘的空間更緊繃，因此在不動樑柱之下，以餐廚空間開始作改造，以一字型廚房設備取代原本的 L 型，並增加了長型中島，放開了左右地坪後，餐廚場域瞬間變得開闊，使用動線也更順暢。

　　自玄關延伸至前端窗戶的超狹長地坪，原本全是客廳領域，但過窄的空間除了沙發電視，前後兩端空間使用率並不高，餐廚中島的重新設計連帶讓客廳得以修正坪數，而客廳前端則做了原木臥榻串接了客廳與主臥，客、臥、餐、廚形成了有趣的回字動線，公領域更大，視覺也更延伸，完工後不久，幸福甜蜜的一家三口又添了小寶寶。

<table>
<tr><td>

設 計 師
改造重點

</td><td>

卡在中央的小廚房讓客廳過於狹長，而廚房動線擁擠，因此修正了廚房的格局，以一字料理檯＋餐桌放大整個餐廚區，考量一家人收納物繁多，因此沿著窗邊設計了整排機能臥榻，下方暗藏巨大收納量，延伸至主臥則變成化妝檯，一物多用展現極高坪效的設計手法。

</td></tr>
</table>

Before

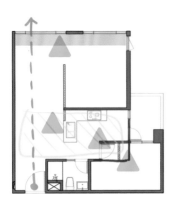

▲ 裝潢改造

After

平面圖細節對照

1　將外突的房間改為內凹，讓廚房格局更平整。

2　用一字型的廚具設備取代原本的L型，水槽的部份作為中島連接餐桌，打造餐廚區的回字動線。

3　大門玄關處作落塵區，強調進出的過渡場域，也界定出餐廚區。

4　客廳窗邊打造臥榻坐椅區，提高長型客廳左右端的使用坪效，同時增加收納，打造窗邊的活動區。

5　主臥房做拉門彈性調節公私領域，床頭以斜面天花包覆部分管線，讓視覺向上延伸。房間內以拉門圍塑衣物空間，讓立面線條更為單純。

一字型廚具 + 中島 料理動線更順暢

01

01

雖然 L 型廚具設備能集中動線，料理較為省力，但在小坪數空間中只會顯得狹窄擁擠，且收納量低。設計師以廚具加上中島 1+1 的方式，將設備機能均分，料理檯更寬廣，也更擴充了瓶罐食材的收納量。

02

02 玄關水泥落塵區劃定場域

進門處作了特殊水泥落塵區地坪，強調出空間界定，大門兩邊一邊為
鞋子收納櫃，全閉密式櫃門收起所有雜亂，下方埋有間接照明，減輕
存在感，雖然坪數不大，但至少進門不會有任何壓迫感。

03 打造回字動線

主空間若以「回」字構築，中央處的電視牆則成為了房子的核心領域，
設計師以粗獷的清水模打造出主牆面，臨窗處以拉門作區隔；電視牆
的另一邊側邊包覆了整個廚具，整體來看就像龐大且未來感十足的造
型量體，成為有趣的端景，也是屬於設計團隊的絕妙巧思。

03

04

POINT
04 **臥榻延伸到底一物多用**

房子另一端是對外窗，沿著窗邊串連的兩個空間長軸線，設計出一條到底的臥榻，在客廳與臥房銜接處則利用高低差讓線條有所彎折，界定出邊個場域，同時也定義出兩種截然不同的機能。木頭拉門與局部透明玻璃隔間在中間地帶無負擔的阻隔空間，輕盈的通透感讓視覺因此無限延展。

04

轉變期

用設計巧思滿足家的需要

孩子漸長 → 打造家人成員的獨處空間

孩子漸漸長大，或是爸爸媽媽漸把重心移往事
業，走入家庭轉變期的每個家人成員，都比以往
更重視獨立空間，因此不論是安靜的讀書房、不
受擾的工作房等，都是此時期規劃的重點，針對
中、小型坪數的小住宅，並不一定能有打造獨立
空間的餘裕，但可以規劃出共用的場域作為彈性
使用的空間。

CASE 01

廚房轉向並將機能集中，空間不昏暗動線更順暢

打開室內空間，讓舊屋亮起來

擁有 **40** 年屋齡的老國宅，經過設計師重整格局後，原本的晦暗一掃而空，室內注入飽滿光線，生活動線變得更有秩序與流暢，家人的心也更緊緊相繫。

撰文／余佩樺
設計團隊＆圖片提供／
穆豐空間設計有限公司

坪　　數	32 坪
屋　　齡	40 年
格　　局	3 房 2 廳 1 衛
居住成員	2 大人、2 小孩
裝修耗時	4 個月
工程花費	NT.101 ～ 199 萬元

　　屋主一家人在這生活了一段時日，承襲過去舊有國宅的格局，以實體隔牆區隔室內各個空間，空間看似被有效運用，但也因為隔牆的關係，阻擋了光線的進駐，讓室內變得相當昏暗；各個小空間的位置安排也不盡理想，彼此無法連貫之下，使用與動線均不流暢。

　　隨著家中兩位小孩逐漸長大，舊有格局慢慢不敷使用，為了給予一家人更好的生活空間，便希望藉由重新的改造，改善現今的居住問題。首先設計者大膽地將廚房做了 90 度的位置轉向，接著再將餐廳與其緊鄰，輔以開放式手法，讓動線更加合理順暢。客廳延續餐廚區的設計概念，輔以獨立電視牆作為環境上的區隔，利於行走的動線，穿梭室內何處都很自在。而原本餐廳區空間，則改為儲藏室，擁有足夠的空間收納一家四口的生活物品；有趣的是，設計者在與玄關銜接處做了一穿鞋區的設計，小房子的造型配上地坪花磚，從一進門就很吸睛。

<table>
<tr><td>

設 計 師
改 造 重 點

</td><td>

由於廚房區擁有先天的向陽優勢，於是設計者大膽嘗試將位置做了調整，不僅轉了 **90** 度，同時也將空間打開，在徹底少了實牆的阻礙後，讓整個廚房甚至到其他廳區都變得很明亮。再者也將機能集中，一改過去動線凌亂、使用不便的情況。

</td></tr>
</table>

Before

▲ 裝潢改造

After

平面圖細節對照

1. 將廚房位置做了轉向，並輔以開放式手法，使得空間變得很通透明亮。
2. 廚房相關的電器櫃就配置在廚房的鄰側，便於女主人進行備料時食物的拿取或操作使用。
3. 餐廳配置在廚房旁，使用動線變得合理流暢，女主人也能觀看到小孩的一舉一動。
4. 客廳電視牆改以獨立櫃體呈現，既不讓環境變得侷促，行走也很流暢。
5. 原餐廳區改為儲藏室，足以收放一家四口重要的各式生活物品。
6. 利用空間在儲藏室外側做了一穿鞋椅區，讓小空間同時擁有雙機能。

01

POINT 01 開放式格局活化老宅

過去的空間多以實體牆來做劃分，使得室內昏暗又不明亮，於是在本次裝修上便改以開放式手法來呈現，經調整後空間變得通透明亮，此外設計者也透過白色、Tiffany 藍等做顏色上的交織，輕新的用色方式，成功地讓老宅亮了起來。

POINT 02 獨立矮櫃弱化樑下壓力

01

國宅的室內樓高通常都不高，且又容易遇大橫樑經過，於是設計者選擇不包樑方式來應對天花板設計，除了輔以開放式手法外，就連電視牆也以獨立矮櫃呈現，既不阻礙光線入室，行走動線也很流暢。

02

POINT 03 依動線挪動餐廳位置

餐廳原本是位在現今的儲藏區一帶，但是這樣的格局配置在使用上相當不方便，料理完後必須繞一大段路才能將料理送上餐桌，於是趁此次裝潢便將其位置做了調整，移至廚房的旁邊，如此一來使用上也變得更為合理與方便。對側則是相關家電櫃、展示櫃，使用上也是很便利。

03

04

05

POINT
04 花磚設計更顯溫暖

廚房轉個向後，呈現 L 字型的形式，此外過去封閉的隔牆也被打開，讓女主人能在舒服、明亮且通透的環境下做菜。為了讓視覺更跳躍，地坪搭配了花磚，增添變化之餘，這種材質也很利於廚房的清潔與保養。

POINT
05 儲藏室為未來做準備

由於屋主一家小孩還在成長階段，未來仍將有許多因應過渡時期所衍生出來的各式物品，為了滿足一家人的生活需求，讓物品能被有效收納，特別在玄關旁規劃了儲藏室，剛好可讓用來擺放各種物品。特別的是，藉由設計在外處設計了穿鞋椅區，出門穿鞋更便利也做到讓機能滿滿。

06

06　主臥旁因應需要增加衛浴設備

此空間原衛浴只有一套，但設計師考量到一家四
口的使用，利用空間在主臥旁規劃了一間半套的
衛浴空間，必須透過窗下的小拉門才能進去。由
於空間有限僅配置了馬桶與洗手檯，看似簡易，
但也能化解多人的使用需求；正因是配置在主臥
室內，擔心日後清潔上仍是會需要刷洗，在牆面、
地面均鋪設磁磚，讓機能的存在也不會影響日後
的使用。

CASE

02

在了解使用者人口數與需求後，設計者將過於破碎的格局做了整合，並清楚區分出公私領域，找回小空間應有的使用性與明亮感。

文／余佩樺
攝影／Amily
設計團隊＆圖片提供／游玉玲

重新整合，讓小空間不再零零散散

格局經過有意義的整併，找回應有的尺度與明亮感

坪　　數	室內 12 ～ 13 坪
屋　　齡	約 30 年
格　　局	3 房 2 廳 1 衛
居住成員	2 大人、2 小孩
裝修耗時	約 2 至 3 個月
工程花費	NT.200 萬元 （2 樓全室）

　　屋主一家人在這生活很長的時間，隨小孩的日漸成長，原本的空間規劃早已不符合當下使用，再者屋齡已相當高，屋中的壁癌問題亦不斷，於是選擇重新翻修，改善屋況問題，也賦予家人更好的生活環境。設計師游玉玲發現到，原空間在過度切割下，使得空間未能發揮該有的使用效益，連帶動線也不流暢。於是在了解使用人口數與需求後，試圖先空間打通，接著則是替格局做了有意義的整合，成功地區分出公私領域，讓小格局的使用性能更加完善。因格局偏狹長，挪動部分格局位置後，將中間段作為公領域，將餐廳、餐廳、廚房、衛浴整併在一塊，至於兩側則為私領域，為主臥與小孩房、書桌區等，如此一來，成功消弭掉空間的狹長感，使用起來也能更無拘無束且更加舒適。由於環境不大，游玉玲也善加利用「坪數讓渡」概念，即將走道化作為空間的一部分，如客廳、書房區等，使用上變得更充裕，同時也做到徹底使用空間的每一處。

<table>
<tr>
<td>設 計 師
改 造 重 點</td>
<td>原本的格局較為破碎，該有機能都有，但卻無法讓一家人能真正凝聚在一起，於是透過開放式手法將空間重新做了規劃，讓空間做最單純的切割，清楚區分公私領域，使整體不再零散；另外，也善用重疊概念，讓機能重疊於同一空間中，有效利用空間每間的每一處，生活使用亦不受影響。</td>
</tr>
</table>

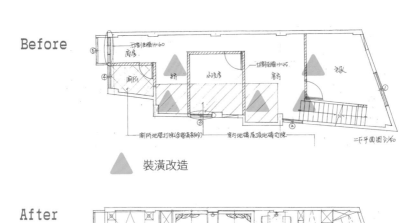

Before

裝潢改造

After

平面圖細節對照

1. 原空間切割過於零碎，經重新調整後，格局中間段作為公領域、兩側則為私領域，使得整體不再零零散散。
2. 廚房與原客廳位置對調，如此一來能順利銜接餐廳，使用上也變得更為方便。
3. 衛浴間數不變下，改採取機能各自獨立方式，就算多人共同使用也不用擔心受到干擾。
4. 將走道化為空間的一部分，並善用交疊概念，讓使用環境變得更為充裕。
5. 有意義地在各個空間配置所需的置物機能，收納變得更有秩序，生活也能更加便利。

01

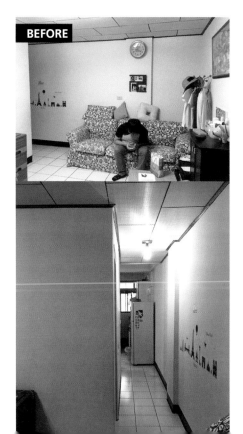

BEFORE

POINT
01　過道整併坪數更充裕

設計者在打開原空間的實體牆後，並加入坪效讓渡概念，即將過道區域整併為客廳、餐廳環境的一部分，如此一來使用坪效變得更充裕，也成為屋主一家人凝聚的重要場域。

02

BEFORE

POINT
02 **調整料理動線，強化使用機能**

調整過後的廚房，改為開放形式的廚房，自 L 型
廚具延伸出一道吧台，賦予女主人明亮、功能齊
全的料理空間。另外，設計者又再從廚具與玄關
緊鄰側設計出玄關櫃，再一次藉由交疊方式創造
更多的使用機能。

POINT

03　開放式書牆增大收納量

有限空間下，設計者選擇將部分機能釋放於臥室外，在走道空間中加一道書牆，並利用下掀式五金搭配門片，再變出書桌機能，善用櫃體、五金成功克服小環境的不足。

POINT

04　立體設計增加空間利用率

為了讓兩個小孩有自己獨立的空間，在書房對側配置了兩間小孩房，並選擇將臥鋪區配置於上方，至於下方則為衣櫃空間，收納區塊更完整、空間立面也更為乾淨。

03

04

05

POINT

05 活動設計有巧思

設計者在通往 3 樓露台、晒衣間處做了一個小臥榻空間，以提升使用機能。由於環境中剛好有變電箱，先是利用門片做了修飾，下方則又再透過五金設計了燙衣板，有效運用空間也讓功能滿滿。另外，設計者也在通往 3 樓的壁面做了一道展示牆，讓屋主可擺放一家人照片、記念畫作等，成為獨一無二的生活風格牆。

06 獨立浴廁增機能

有限空間下無法再多配置一套衛浴，於是設計者選擇將衛浴空間的機能：沐浴區、洗手台、廁所各自獨立開來，一來使用上不會受到干擾，二來也有利於各個機能的環境維護。

06

07

BEFORE

07 收納機能埋入牆面

廳區的兩側為私領域空間,其中一邊即為主臥室,由於樓高僅 2 米 75,設計者盡可能讓空間回歸單純,並將相關收納機能則沿牆而生,共同找回空間應有的舒適尺度。

CASE

03

因為孩子長大、空間不敷使用，而重新改造居住了 15 年的房子，藉由幾道隔間的微調，整理出三條並排的長軸線，不僅僅創造了光線穿梭、綠意共享，也牽繫著一家四人的親密情感。

撰文／Patrisha
設計團隊＆圖片提供／日作設計

一物多用、共享綠景發揮超大坪效

重整動線串聯情感，創造日光穿梭

坪　　數	24 坪
屋　　齡	15 年
格　　局	3 房 2 廳 1 衛
居住成員	夫妻、一子一女
裝修耗時	4~5 個月
工程花費	300 萬

　　屋主黃先生一家四口住在這間 24 坪的房子已有 15 年，隨著孩子逐漸長大，夫妻倆深感空間機能的不足，曾經也想過直接換屋，可是現居地的生活機能相當方便，面臨河岸的景觀條件也是難能可貴，於是兩人決定重新裝潢來改變生活！日作設計分析現有屋況問題，客廳小、採光也無所發揮、廚房和收納空間也不夠，因此將改造重點放在整頓格局、動線，創造小而美且溫馨的互動與氛圍。

　　依據平面配置設計師理出三條並排長軸線，主臥至客廳、餐廳到廚房、孩房到餐廳，這三條軸線既是動線也是視線，中間更藉由短向 90 度連接的動線，塑造出兩個主要的環狀動線，當視野的盡頭是窗戶、或是出口，空間感自然被放大，透過動線的調整，把家人與空間的關係相互連結，也產生「分而不隔、隔而不離」的生活樣貌。不僅如此，原始陽台結構柱與窗戶之間用不到的區塊，設計師也改造成為長型小花園，從廚房延伸至小孩房，創造共享綠景的概念，同時利用這道角窗規劃推射窗，自然形成有如導風板的功能，為室內帶入良好的通風。

<table>
<tr><td>設 計 師
改 造 重 點</td><td>**24** 坪的格局首要解決通風與採光,並創造生活機能,重新拉出三條光與動線的軸線,產生便利的動線、讓原本親密的親子關係更濃厚之外,也貫穿了風與採光,而小孩房角窗的推射窗也將後陽台的風引入屋內,同時塑造了室內綠意景致。</td></tr>
</table>

Before

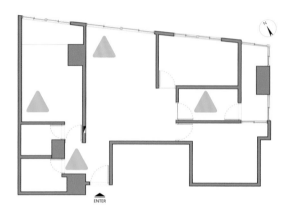

After

 裝潢改造

平面圖細節對照

1. 將原本既有隔屏櫃拆除,利用寮國檜木拉門作為衛浴區的緩衝,解決風水問題也令玄關空間尺度變寬敞。

2. 客廳隔間稍微放大些,並運用梯型窗面打造坐榻,兼具收納之外,也攬進自然美景。

3. 廚房位置不變,透過隔間取消,冰箱挪至餐廳區、與後陽台之間的門也捨棄,讓視野獲得延伸放大。

4. 捨棄主臥衛浴的配置,變更為365天都能使用的儲藏室,對一家四口來說更實用。

01

02

03

01 重新整合空間

利用牆面的退縮處理，創造出不佔空間的鋼琴區域，梯型窗面以坐榻方式處理，多了休憩閱讀的角落，也增加收納。此外，電視牆採用滑門形式整合書櫃，讓生活絕大多數是被閱讀所包圍，特意拉了斜面的天花板，則令空間有透視感與動感。

02 依需求造動線

餐廳至廚房、小孩房重新規劃出兩條長軸線，放大視野之外也創造光線的自由穿梭，中島吧檯右側下隱藏了電器收納機能，也能暫時放置燉煮好的料理。

03 調整設備尺寸

保留原始廚房位置，利用隔間的拆除、冰箱挪至餐廳區域，擴增了料理檯面的尺寸，使用起來更方便舒適，將冰箱移出也縮短了客餐廳拿取的動線。

05

04

畸零角共享花園綠意

捨棄後陽台與廚房之間的門,並利用結構柱與窗戶之間的畸零角落創造室內小花園,從孩房的角窗也能共享這面綠意。

微調地板高度更便利

主臥房內既有的結構柱體,衍生為左側開放層架、電腦區,以及梳妝機能,達到一物多用的坪效,主臥房同樣運用架高設計與客廳坐榻一致高度,坐在窗邊時就能直接眺望河岸美景,孩子們偶爾也能和爸媽們膩在一起。

雙面盆放大實際使用坪效

取消主臥衛浴，原始一間衛浴變更為雙面盆設計，一方面將馬桶
獨立於左側，讓相同生活作息的一家四口盥洗更方便，衛浴門
片、天花板選用寮國檜木，自然舒適的木質清香味予人療癒放鬆
之感。

06

空 巢 期

彈性調整預約舒適老後人生

兒女各自成家 → 老年夫妻相伴的生活環境

當孩子長大了各自成家，剩下父母守著空巢般的房子，就是所謂的「空巢期」。這時候家裡閒置的空間，可以做更有效的安排，像是規劃交誼廳滿足老友聚會小酌需要；身體機能慢慢退化，增加輔助設施；兒女偶爾回來團聚的簡單住所等，善用空間創造機能，也能讓老後人生更多采多姿。

CASE

01

聰明轉身，給家一個全新面貌

捨棄牆面、釋放光線，意外得到舒適大空間

房子住久了，東西只會愈來愈多，室內愈來愈擁擠，但只要做好空間斷捨離，不需換房，就能擁有更大更有彈性的坪效應用。

撰文／施文珍
設計團隊＆圖片提供／構設計

坪　　數	15 坪
屋　　齡	15-20 年
格　　局	3 房 2 廳 1 衛
居住成員	2 人
裝修耗時	3 個月
工程花費	120 萬

　　「只想有個新環境！」身為屋主的一對夫妻，房子一住住了十多年，雖然目前房子只有兩人居住，但偶爾兒子、女兒攜家帶眷探訪，原本的格局早就不敷使用，僅 15 坪的空間總是感到擁擠。本來夫妻倆打算另外購屋，換個寬敞的新環境，然而幾番考量，設計師評估：「現在的住處如果重新翻新整修，對於夫妻倆的現況是夠用的！」因此決定重新翻修，做個新調整。

　　溝通過程中，屋主希望能擁有「明亮採光」、「有多餘臥房空間」、「機能俱全的廚房」這三大需求。在坪數有限的空間，乍聽之下幾乎是不可能任務，然而設計師以能表現空間清透且舒適的湛藍色為主色，將電視牆面當作空間主視覺呈現，再調和白灰色階，抓出輕重配比；格局則作了大幅度調整，廚房、客廳動線適時地劃分空間配置，並用高低差的畸零空間，騰出一間客房小閣樓，原本僅有 15 坪的空間，竟也能有出 3 房 2 廳的規模，打造出寬敞新居所。

<table>
<tr><td>設 計 師
改 造 重 點</td><td>將原有格局打破，客房退縮，以玻璃門＋窗簾取代牆面，保有原功能性，只要關上玻璃門、拉下窗簾，來訪親友便擁有一間獨立客房；沿著電視牆後方小樓梯往上，是主臥更衣室上方的畸零空間，經過設計後，成為家中一個人的安靜角落或孩子們的遊樂空間。</td></tr>
</table>

Before

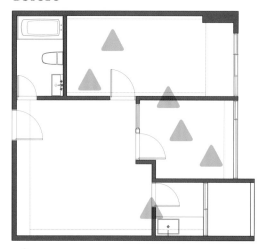

▲ 裝潢改造

After

平面圖細節對照

1. 拆除原本廚房的兩面牆，打開陽台光線，讓餐廚成為開放空間。
2. 拆除客房牆面，客房退縮，牆面做成收納牆。
3. 客房水泥牆改為落地式拉門，讓光線進入客廳。
4. 客房內設計為有架高地板的和式空間，減少家具桌椅，拉大坪效。
5. 主臥增建更衣室，上方隔出可容納一人坐臥的小閣樓。
6. 電視牆後面增設階梯，增加收納。

01

POINT

01　調整主臥內外空間

主臥房門更改開口方向,並設計成隱形門,讓視覺集中在藍色電
視牆,房門另一側與客房垂直的 L 形區域內嵌收納,搭配建置為
寵物貓咪跳台,加上便盆收納,成為貓咪簡易的活動空間。主臥
房空間略減,以小型更衣室取代實際櫃體,並增加照明,衣物收
納量倍增,且好收好拿。

02

03

POINT
02 **縮減客房並增加魔術大收納**

客房退縮，以玻璃平移門取代水泥牆，讓自然光能延伸至客廳，房間內架高地板拉出高底差，地板下作上掀室收納櫃，增加收納。客房臥榻選用超耐磨木地板材質，搭配梧桐木皮壁櫃，可坐可臥更能儲藏，極具機能。

POINT
03 **強化收納，從地上偷取空間**

客房先以架高兩階的方式作出地坪的空間層次，地坪即可增加隱形收納，側邊包覆大樑加厚成為雙開口式櫥櫃。兩踏階形成 40 公分深的地坪收納，側邊厚度約 20-30 公分。先縮減客房大小後提升坪效，就能在不減空間的使用下，瞬間釋放出客廳規模。

POINT 04　電視牆面內含隱形空間

湛藍色的電視主牆側作了隱形門，為上方小隔間的入口。設計師以梧桐木皮打造旋轉式階梯，每一踏階暗藏抽屜櫃。一牆兩面式的設計，在客廳中是電視牆，側面拾級而上創造出另一個可供坐臥的小空間。

POINT 05　拆除牆面，空間重新整合

原本房子中廚房為封閉式設計，不僅空間侷促，用餐區極為狹小，光線也進不來。在封閉的廚房在打通牆面後，光線瞬間釋放，提升客廳明亮度，考量平日家中僅屋主夫妻兩人，餐桌以簡約的中島吧台為主。單面靠窗的格局，本來就容易有採光不充足的問題，在前面客房退縮改為玻璃門隔間，加上餐廚區改為開放式格局後，客廳空間瞬間明亮，公共區域也顯得更寬敞。

04

05

CASE 02

一起生活的兩姊妹，將此作
為日後退休宅，設計上依據
兩人的需求做規劃與調整，
無論未來生活如何變化，都
貼近理想與自在。

撰文／余佩樺
設計團隊＆圖片提供／
穆豐空間設計有限公司

重生改造，讓生活空間更貼近使用需求

就算日後步入退休生活，居家設計也早先一步做好因應

坪　　數	25 坪
屋　　齡	15 年
格　　局	3 房 2 廳 2 衛
居住成員	2 大人
裝修耗時	3 個月
工程花費	NT.101 ～ 199 萬元

　　這是間屋齡已有 15 年的中古屋，隨年月已久建築結構開始出現老化情況，連帶也產生出漏水問題，對兩姐妹而言其實是一種生活上的困擾；再者，原先的格局配置面對兩人實際的生活也不敷使用，甚至也產生出一些風水上的問題。於是兩姐妹想著，既然接下來將一起生活，何不妨重新裝修一番，居住上能變得更為舒適，就算日後步入退休生活，也早一步先做足了因應，無須等到日後再來煩惱。

　　於是，請到穆豐空間設計來做規劃，在屋主最擔心的風水問題部分，以調整客衛出入口方向來應對，如此一來連同廚房、主臥等出入口均整合在一塊，也改善風水問題；另外在入口即有所謂的穿堂煞問題，同樣也加了一道屏風後，做了巧妙的化解。為了讓收納機能變得更有效率，在各個空間均配置了專屬的收納櫃，依據該空間來做物品的擺放，讓空間常保整齊；至於兩人較大的鞋櫃需求，設計師也加入了旋轉鞋架來應對，足以放上 100 雙鞋，也能有條理的做分配擺放。臥房空間未更動過多，僅將其中一間房改作為書房，無論是上網、閱讀、做手作都很適合。

<table>
<tr>
<td>

設 計 師
改 造 重 點

</td>
<td>

將客衛浴出入口方向做了調整，與廚房、主臥門整併在一起，巧妙改善風水問題。過去收納量不足的問題，也依據各個空間配置適合的櫃體，讓兩姐妹的生活能更為合宜，像是玄關加了頂天的鞋櫃，餐廚區之間也加了電器櫃，夠份量的空間足以擺入兩人所需的鞋子與家電用品。

</td>
</tr>
</table>

Before

 裝潢改造

After

平面圖細節對照

1. 自玄關進入室便有穿堂煞的情況，於是設計者在玄關處加了一道屏風，巧妙化解風水問題。

2. 玄關處加了頂天的鞋櫃，其中為了能擺下姊妹倆百雙鞋的需求，內部使用了旋轉鞋架，量再多也不怕。

3. 客廳保留大面窗設計，天花板也不加以包樑處理，讓整體看起來更為寬闊明亮。

4. 餐廳區附近剛好有橫樑經過，設計師特別在牆面上做斜角修飾，讓空間不會感到壓迫。

5. 其中一房改為書房，以層板作為開放式書櫃，下方則運用了沖孔板作為收納之用。

01

02

POINT

01　以屏風區隔場域

打開大門走進玄關,最先看到藍白交織而成
的屏風,清楚區隔出內外領域,也巧妙化解
穿堂煞問題。門口旁的穿鞋椅延伸大面玄關
櫃與鞋櫃,玄關櫃結合不同形式,利於放納
各種不同生活小物,至於鞋櫃則在其中加入
了旋轉鞋架,豐富的收納機能滿足姊妹倆生
活的實際需求。

POINT

02　引光入室坪效增

客廳保留格局原有的大面落地窗,此外也在
環境裡引入木元素,從光線到材質,在在替
居家增添溫度。為了讓空間增添點變化,選
以淺藍色電視主牆,搭配地面藍色格紋線條
的地毯,在簡約中多了一股色彩魅力。

03

POINT 03　修飾斜角增收納

餐廳上方正好有一道大橫樑經過,為了不讓處於其中的姊妹倆感到壓迫,適度地在所銜接的牆面上做了斜角修飾。環境中也有意義地增添了櫃體,一部分開放、一部分封閉,即能將各自的蒐藏展示出來,另外也能將該區會使用到的生活物品做有秩序的分放。

POINT 04　場域轉向添機能

此區原客衛出入口位置,會產生出風水上的問題,於是設計者將其出入口位置做了轉向,並連同廚房、臥室門全整併在同一水平軸線上,如此一來化解風水困擾,二來也能讓整體更顯乾淨俐落。

04

05

06

05 　以吊桿擴充收納

特別在床頭牆上刷上了藕紫色，一旁的窗簾也是搭配淡紫色系，相同基調組合在一起，突顯空間清新之餘還多了份優雅感。考量到日後生活所需，在衣櫃方面也細細思考，別於過去常見的設計，改以吊桿來做配置，足夠放入相關的衣物量，也利於穿搭選擇時的尋找；上方處同樣保留一些空間，可用來收納換季棉被等物品。

06 　開放設計活用空間

將其中一房改為書房，為了不顯侷促書房壁面以木紋層板搭配鐵件，創造出開放式書櫃，讓書籍、兩人的蒐藏可轉化為妝點空間的設計元素；下方則是搭配了紫色系的沖孔板，可掛上所做的手作品抑或是作為收納之用。空間另一隅則是擺放了一張水藍色調的主人椅與低矮茶几，讓屋主能自在地在此閱讀看書。

CASE

03

微調場域格局，讓「家」與家人共同成長！

住屋蛻變，迎接人生下半場

大女兒至外地留學，家中多了些閒置空間；小兒子漸漸長大，想給他更寬闊的場域；加上夫妻倆開始規劃退休人生，動念改造房子的那一刻，全家人的生活也經歷全新蛻變。

撰文／Jeana Shih
設計團隊＆圖片提供／奇典設計

坪　　數	21 坪
屋　　齡	40 年
格　　局	3 房 1 廳 1 衛
居住成員	2 大人 2 子女
裝修耗時	1 ～ 3 個月
工程花費	NT.101 ～ 200 萬元

　　40 年的老屋改裝前房子的格局其實和現在並沒有差太多，21 坪的房子只有前後採光。當時為了讓一雙兒女都能有獨立的生活空間，於是把前頭光線最好的空間隔成了兩個房間，客廳只能依賴燈光照明，主要生活的公領域不僅不夠寬廣，也經常顯得昏暗。

　　設計師著眼於大女兒至外地留學後居住頻率不高，於是用兩道橫拉門將女兒房坪數縮減，隔成與客廳相連的多功能娛樂室，女兒偶爾回來，拉門拉起也能成為獨立住所，兒子原本的房間則調整成帶有更衣室的主臥房，更衣室兩邊皆有拉門，能共同收納女兒、夫妻的衣物。

　　後端主臥為兒子的房間，設計師將房間與廚房調換了位置，居於角落的臥室讓兒子能安靜讀書，同時擁有一小區收納藏書、衣物的空間；廚房居中，以 L 型料理檯取代水泥牆隔間，緊鄰餐桌成為半開放餐廳場域。

　　如此設計讓原本偏長的屋型前後採光加強，室內更為通透，小幅調整後公領域客廳著實顯得寬敞舒適，而私領域空間加加減減之後也適得其所，滿足了每個家人成員的需要。

<table>
<tr><td>設 計 師
改 造 重 點</td><td>主臥、多功能室與客廳三個場域以「拉門」相隔，大大省下門片開闔所需的旋轉面積，而主臥內同樣以拉門打造小型更衣室，夫妻、女兒共用，使用彈性更大。原本狹長的廚房挪移後打掉牆面與客廳相通，充分享受邊煮食邊聊天的愉快生活。</td></tr>
</table>

Before

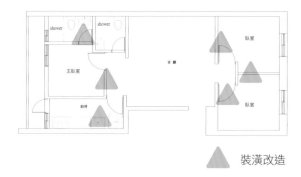

▲ 裝潢改造

After

平面圖細節對照

1. 女兒房間與客廳相連的牆面移除，以拉門取代，改造成半開放的多功能空間。
2. 主臥與女兒房相連的部份牆面移除，作為更衣室，前後拉門能使家人共用空間。
3. 主臥房間拉大，同時將對外房門改成拉門，增加房間內外的使用坪效，常保開啟更能釋放光線。
4. 原本兩組浴室過於狹小僅有淋浴間，於是改為一間有浴缸的衛浴空間，洗手檯區能獨立使用，增加使用率。
5. 廚房與客廳相連的牆面移除，以料理檯區隔，連接餐桌成為寬敞通透的餐廚空間。
6. 加寬原本狹長的空間，次臥室格局更為方正，前方畸零地成為書本物品收納區，空間零浪費。

01

POINT

01 臥室改為多功能娛樂室

由於女兒至外地念書，房間變成經常性的閒置，因此設計師將房間規劃成能多元運用的多功能娛樂室，半開放空間緊連著客廳，平時作為休閒活動、樂器彈奏的同樂場域，也等同於客廳的一部分，能更有效的運用；拉門拉起就是獨立房間，保留原本睡臥的重要機能。

02

POINT 02　兩邊房間拉門釋放光線

偏狹長的屋型中，僅有前後較窄端的兩面採光，而前端採
光處正好為兩房，完全阻擋的客廳光線，空間經常昏黯。
設計師移除了牆面，以拉門作為場域區隔，其中一間房改
為半開放的多功能娛樂室，平時保持開啟就能透進大量光
線，客廳自然顯得寬闊。

03 橫拉門隔間大大提升使用坪效

主臥房是原本的客房改造而成，除了將對外房門改成拉門以減少門片的旋轉面積外，也拆除了原本與隔壁房間相鄰的牆面，改成小型更衣間，藉此收納大量衣物，拉門相隔，能在視線上遮蔽各種雜物，讓空間顯得簡單純粹。兩邊都設拉門的更衣室，也能讓女兒共用，收納機能更高。主臥內則以低調內斂的灰色軟裝，襯托溫煦的木素材，用簡約的設計營造舒適自在的睡眠氛圍。

03

04 冷暖色堆疊打造舒適居家

客廳電視牆以用嫩綠色塗裝，呼應自然採光，讓空間色彩更飽滿，也能呈現更活潑有生氣的氛圍。沙發背牆結合文化石砌疊，展現北歐風的自在本質。半開放式的廚房連接著餐桌，更串聯了客廳打造出一家人能共同享有佳餚美食，同時享受影音娛樂的快樂生活動線。

04

CASE
04

因為念舊，屋主周媽媽捨不得搬家，離開習慣的生活圈，孝順的兒女們決定幫媽媽改造老屋，負責規劃的日作設計納入熟齡住宅的面向為思考，讓周媽媽能持續在此度過老後生活。

撰文／Patrisha
設計團隊＆圖片提供／日作設計

結合社交、無障礙與設備，獻給媽媽的幸福提案

30年老屋變身熟齡樂活好宅

坪　　數	22 坪
屋　　齡	30 年
格　　局	1 房 1 廳
居住成員	1 人
裝修耗時	83 天
工程花費	310 萬

　　屋主周媽媽從結婚後就一直住在這間房子，隨著兒女成家立業，因為習慣周遭生活環境，以及考量街坊鄰居間的感情，即便兒女們準備好市區的新居，周媽媽仍想要留下來住到老後，為此，兒女們決定幫媽媽重新整頓一樓空間。負責規劃的日作設計便以熟齡住宅主軸做發展，除了調整格局改善當地濕冷環境，也必須解決陰暗、通風，另外還得為周媽媽思考無障礙、居家安全、與鄰里間的社交活動等等。

　　於是，空間拉出幾個主要區塊，分別是社交區、睡寢區、起居室、洗曬區，每個場域之間利用拉門區隔，達到公私領域的彈性劃分。玄關進來後，有別於一般客餐廳的設置，利用大餐桌配中島的形式，塑造出既是客廳、用餐以及廚房的多元狀態，成為周媽媽和朋友們的交誼場所，開心分享美食、唱歌，也由於經常接待友人，設計師也特別將衛浴稍微往前挪，介於公、私領域之間，雙動線規劃使用更便利，而睡寢區旁的起居室，除了創造出有如日式住宅緣側的效果，讓周媽媽能在此享受日光浴，也是孫女返台後陪伴阿嬤的彈性客房。

<table>
<tr>
<td>
設 計 師
改 造 重 點
</td>
<td>
從屋主周媽媽未來老後的舒適生活為主軸，格局配置不只讓周媽媽一個人住好用，平常也能邀請街坊鄰居唱歌、吃飯，設備與材料的使用上，也加入更多細心與貼心的安排，除了基本的無障礙地坪設計，浴室、臥房地暖設備保持雙腳的溫暖，電熱爐、電熱水器的選配也提升年長者在居住上的安全性。
</td>
</tr>
</table>

Before

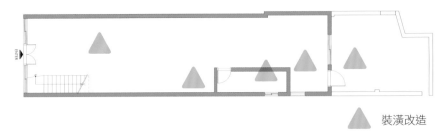

▲ 裝潢改造

After

平面圖細節對照

1. 玄關後方設定為社交區，大餐桌結合中島的概念，是周媽媽和朋友們的唱歌交誼空間。
2. 浴室往前挪移，讓交誼區、臥房兩邊使用時更為方便，並利用暖風機設備改善通風對流問題。
3. 臥房區域與公共廳區採取拉門設計，平常一個人時能完全開啟，讓前後空氣流通，空間感也更寬敞舒適。
4. 利用洗曬空間與臥房之間另劃分休憩區，也藉由兩道門的設計，自然形成空氣層，隔絕冷空氣。
5. 原本閒置的後院經過重新整理規劃，架高地板解決反潮，霧玻璃採光罩創造出半室內的洗曬機能。

01 巧妙安排舒適動線

利用以新復舊的概念，重新訂製帶有復古元素
的鐵窗，融合原有磁磚壁面與大門，原始大門
變更為向外開啟，動線更為流暢。走入室內，
斜坡地坪設計對於年長者行走更為舒適，鐵件
櫃體隱約保有隱私，加上百葉玻璃窗的規劃，
創造空氣的流通性。

01

一區兩用小巧思

玄關進來後的餐廚區域，是周媽媽接待街坊鄰居的交誼區，溫暖的木質大餐桌提供他們用餐、歡唱卡拉 OK，中島檯面下則巧妙隱藏小家電設備，另外像是廚房壁面的烤漆玻璃材料亦延續至左側壁面，日後清潔更加方便，廚具設備也特別選用電爐，考量日後使用的安全性。

拉門巧妙作隔間

公、私領域利用拉門為劃分，廊道上的半腰櫃體同時巧妙地具備扶手的意義，一方面也是周媽媽的藥品、外出、化妝需要的收納。此外，衛浴挪移至屋子的中心處，雙動線設計滿足待客使用，衛浴同樣為了安全問題，選配電熱水器。

04

04 高低差定義場域

利用後院架高、霧玻璃採光罩重新打造
半室內的洗曬空間，一致的水平高度，
讓周媽媽能舒適使用，睡寢區、洗曬區
之間則另闢一處起居室，有如日式住宅
緣側的概念，成為周媽媽的日光小客廳，
也因為一層層的門窗、拉門阻隔，改善
了室內冬天濕冷的問題。

傳承期

家屋的重生與傳承

接手長輩屋宅 → 從心打造生活居心地

人生階段中，自己的成家、立業；家人成員組合
的增減、生活方式的種種變化之下，居住的生活
空間也或多或少有所改變，如何在時間、空間、
金錢有限的條件下，傳承老家屋，並創造貼近自
己生活習性、滿足種種居住需求的環境，就變得
極為重要。

CASE

01

屋主 2 年多前承接長輩的老
宅，居住既有空間，生活機
能問題隨之衍生，透過設計
師的改造過後，彈性隔間創
造出各種多元的生活行為使
用，客廳、書房都有孩子能
遊戲的平台，玩具隨手就能
收在臥榻下，甚至還滿足了
爸媽在家健身的夢想。

撰文／Patrisha
設計團隊＆圖片提供／工一設計

可以是健身房，也是孩子遊樂場的家

場域共享，創造家的多元機能

坪　　數	31 坪
屋　　齡	15 年
格　　局	3 房 2 廳
居住成員	夫妻、一子一女
裝修耗時	4 個月
工程花費	300 萬

　　一家四口的小家庭，2 年多前承接長輩的空間，當時並未重新裝潢，住了一段時間後發現生活機能逐漸不夠，因此動念想要在不換屋的情況下，打造更好的居住空間。

　　在屋主、設計師雙方溝通之後，可以了解到全家人其實很習慣原有的生活動線，因此格局上不需太多改造，反而考量到夫妻倆十分重視孩子的遊戲空間，作為英文老師的女主人，下班之餘需邊看顧小孩、邊加班準備教材，於是在空間規劃上，得把各自的私領域集中，捨一隔間換上拉門、折門的彈性設計，並利用一整道弧型對外窗邊闢出休憩平台，此平台更與沙發一體成型整合，當孩子在平台上玩積木、玩具時，爸媽就在一旁陪伴，也能處理工作。立面材質上則透過氟酸玻璃微微反射的特質，讓整體畫面統一卻不單調。地坪材料則以大尺寸亮面磁磚、木地板區隔出空間屬性，並延伸至走道，令視覺更有延續性，電視櫃檯面則是選用與地板色系相近的仿石美耐板，讓空間的材質整合達到一致，另外面對屋主提出的健身需求，將入口玄關燈結合了單槓的功能，也創造出此案的特殊性。

<table>
<tr><td>設 計 師
改 造 重 點</td><td>對小家庭來説，收納相對重要，同時還得思考空間尺度的寬敞性。在此案中，特別將空間場域，包含玄關、健身房、餐廳、客廳、遊戲室以共享的型態配置，一方面利用一整道弧型對外窗打造兼具儲物與休憩、玩耍的平台。</td></tr>
</table>

Before

▲ 裝潢改造

After

平面圖細節對照

1. 客廳弧型對外窗邊規劃為休憩平台，平台與沙發整合為臥榻、遊戲區。

2. 拆除書房隔間利用彈性滑門、折門取代，創造各種私密與開放的使用模式。

3. 原本獨立的廚房換上長虹玻璃拉門，創造光線的穿透，也達到線條感的一致性。

4. 主臥房局部微調衛浴隔間，並衍生出大面衣櫃機能，弧型窗台也變身休憩平台。

5. 小孩房既有樑柱結構問題以口字型造型包覆，且順勢發展成為床架，同時增加收納機能。

01

POINT 01 創造彈性空間

彈性隔間的概念一方面也是考量女主人
返家後，需要一邊照顧孩子、一邊準備
教材，達到相互陪伴的作用，而當拉門
與折門輕輕闔起後，也能成為安靜獨立
的空間，看似櫃體的白色立面底下，則
是隱藏掀床，讓空間更具備客房用途。

POINT 02 空間全面整合

拆除原本客廳後方的隔間牆，兩側分別
以拉門、折門取代，空間感無形中被放
大許多，最特別的是沙發底座與窗邊平
台、踏階予以整合一體成型，孩子能在
臥榻上翻、滾玩耍，打開臥榻，玩具就
能迅速被收整隱藏，椅背甚至還能稍稍
阻擋凌亂的玩耍場景。

02

POINT 03　放大公共場域

將公共場域視為互相共享的大空間，因
應工程中屋主臨時希望擴增的健身單槓，
設計師靈機一動利用玄關的天花高低層
次，採用鐵件內嵌燈具的做法，將燈具
與單槓完美結合，鐵件燈盒上方另有黑
鐵結構鎖於樓板上，確保結構安全性，
如此也成為家中獨特的亮點。

POINT 04　閒置空間再利用

主臥房閒置的弧型窗邊一致打造為平台，
搭配對開窗簾設計，平常維持通透的視
野，讓光與景觀成為生活中美好的畫面。
床頭壁面飾以仿石材美耐板拼貼，藉由
適當的比例分割並嵌入鍍鈦板點綴，回
應屋主偏好的亮面質感。

04

POINT
05

包覆設計削減樑柱壓力

兩間小孩房內原始都有樑柱的問題，除了要避開結構，空間本身也不是很大，面對這個難題，設計師巧妙利用口字型的包覆設計，將樑柱完全隱藏在造型之內，又同時創造出床架的功能，而這樣的包覆感也可增加孩子的安全感，以及衍生出許多收納空間。

05

CASE

02

老物件、白磚牆打造復古工業風

利用彈性隔間與複合餐桌賦予生活的多元變化

爺爺留下的老公寓，出乎意料的留有許多珍貴的檜木，重新整理改造成為實用的家具、層架等，結合夫妻倆喜愛的水泥、白磚牆等輕工業元素，勾勒出專屬於家的復古風格。

撰文／Patrisha
設計團隊＆圖片提供／裏心設計

坪　　數	30 坪
屋　　齡	30 年
格　　局	3 房 2 廳
居住成員	夫妻
裝修耗時	3~4 個月
工程花費	250 萬

　　這間 30 多年的老公寓，承載著屋主童年的生活回憶、與爺爺共處的美好時光，隨著爺爺離開後，長輩們決定將老房子留給夫妻倆，藉由空間的延續使用，找回情感的連結。有趣的是，原本堆放在陽台的木料與門板差點被當作垃圾處理，設計師探訪後確認竟然都是珍貴的檜木材料，於是找來老師傅拔釘、刨除表面等處理，重新以傳統工藝技術「榫接」製作為餐桌、電視櫃，甚至再運用變成書架、衛浴檯面，不僅如此，包括老縫紉機巧妙以白磚牆為背景，配上一盞日本復古吊燈，讓爺爺留傳下來的老物件們有了嶄新的樣貌與生命。

　　除此之外，原始 3 房 2 廳格局衡量年輕世代與長輩的想法後，重新規劃為 2+1 房，滿足夫妻倆渴望的開放式餐廚，然而書房又能透過玻璃滑門的使用，彈性變成獨立且具隱私的臥房，長度將近 300 公分的餐桌，更兼具電器櫃、書櫃等收納機能，同時保有空間的寬敞視野。

<table>
<tr><td>設 計 師
改 造 重 點</td><td>在滿足屋主夫婦想要的開放式廚房，以及長輩提出的 3 房格局條件下，原本挪移至後陽台的小廚房重新回到室內空間，書房與餐廳的界定來自於檜木餐桌，桌面平常可做書桌使用，用餐時電腦往旁邊一收就是完整的 4 人桌。</td></tr>
</table>

Before

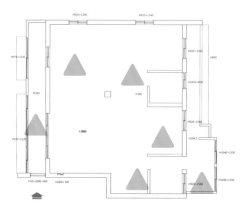

 裝潢改造

After

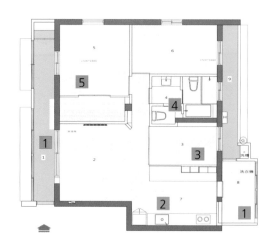

平面圖細節對照

1. 保留前後陽台不做外推，前陽台納入鞋櫃與儲藏室，提升收納機能。
2. 廚房回復至室內空間與客廳串聯，開放式設計凸顯空間的開闊與舒適。
3. 書房利用穀倉滑門與玻璃門扇的效果，讓開放與獨立能同時並存。
4. 放大原始衛浴尺度，擁有乾溼分離與浴缸設備，還能增加0.5套的如廁功能。
5. 主臥房隔間稍微向客廳退一些，創造更衣間機能，讓大量衣物能收納在此。

老屋重生更有風格

老屋格局經過重新整頓，公共場域維持著開放
式設計，書房也選擇彈性的拉門隔間，創造出
流暢寬敞的空間尺度，天花拆除後保留既有的
水泥狀態，不再刷飾漆面，回應夫妻倆對於輕
工業氛圍的喜愛，局部樑位則以木素材修飾，
亦有隱性界定空間的意義。

01

02

調整適切分割比例

老屋既有落地窗寬度為 240 公分，考量門扇分割的比例與採光面的完
整性，左側規劃玻璃與鐵件框架，中間再置入鐵盒結構，面對客廳的
這一側可做為吸鐵留言板，陽台一側則是收納鑰匙。電視牆面因老屋
原始為木作隔間，拆除後重新砌牆並賦予白色，配上爺爺留下的老裁
縫車，營造出復古的氣氛。

POINT 03 　老家具換上新生命

開放式餐廚與書房形成串聯、獨立的彈性設計，利用爺爺留下的
檜木素材製作出超大尺度餐桌，餐桌同時也是工作桌、電器櫃、
餐櫃與書櫃等用途，未來若有家庭成員的變動，闔起穀倉拉門、
銀霞玻璃門扇，書房就能轉換為獨立一房。

POINT 04　用材質延展視覺

主臥房捨棄多餘繁複的設計，牆面刷飾溫暖的霧灰色，隔間稍微往客廳方向退讓一些，創造出更衣間收納機能，並選用鋁框玻璃拉門，視覺上帶來通透延伸感。

04

POINT 05　重調浴室格局

利用原始衛浴位置稍微將尺度拉大，不但有乾濕分離的設計，還能有舒適的浴缸泡澡，衛浴內的再度利用檜木打造出檯面、鏡框，並特別選用黑白方磚作跳色，也帶出可愛復古的調性，浴缸後方牆面局部嵌入玻璃材質，以便讓光線能透至另一面的如廁區，也化解空間的窒礙感。

05

CHAPTER

3

局部坪效
提升法則

找出關鍵點，把家變舒適

🏠 01 【複合空間，使用更多元】
彈性格局的規劃要訣

🏠 02
【空間串聯，坪效更升級】
合併動線的規劃要訣

🏠 03 【整合延伸，活用畸零角】
空間放大的規劃要訣

🏠 04
【提升機能，生活井井有條】
擴充收納的規劃要訣

複合空間，使用更多元——
彈性格局的規劃要訣

隔間能劃分空間屬性，創造不互相干擾的環境，但坪數小的空間，過多的牆面走道只會讓室內更受限。除了通透的開放式格局之外，還有很多隱形動線的手法能讓空間達到兩全其美的目的。

圖片提供／ST design studio

1 【高低差】創造隱形隔間

除了有形的半隔設計，天花、地板的高低差異化設計，也能在無形中創造出空間層次。像是開放空間中，架高其中一處地板與鄰近空間串聯使用，就能為空間賦與不同的定義，例如在客廳一角規劃兼具午睡臥榻、泡茶打牌、儲物的開放和室／臥榻，那麼客廳在影音享受之外，更多了起居娛樂的實用角色。

2 【減一房】實際賺到更多坪數

大小固定的空間裡，有些設計其實是 1 + 1 > 2 的，空間複合性愈高，相對就能賺到更多坪數，比方說拆掉一個與客廳相鄰的密閉房間，卻能增加娛樂、用餐、閱讀等多用途。過多隔間不僅限制坪效，更容易形成光源阻隔、製造陰暗角落問題，讓家愈住愈小。

3 【微整併】整合邊角提高坪效

並非每種機能都能透過方正空間來形塑，特別是小坪數空間有時往往是不規則的格局，邊邊角角只要懂得利用，就能賺到更多貼心機能。像是沿牆搭建桌板，就能創造微型工作室，不但能滿足生活需求，同時也能讓小空間得到最大化的利用。

4 【臨窗區】增添空間活用價值

家中臨窗處是採光最佳的「黃金地帶」，除了將客、餐廳等重要收納機能規劃於此外，搭配活動玻璃式拉門，就能讓區域更活用，平時開放共享天光，也可能隨意坐臥閱讀休憩，當有客人來加上捲簾就是現成的客房，既達到採光效果又能提升坪效。

一加一減，賺到滿滿小確幸

22 坪室內三房二衛顯得擁擠窒礙，因此著手調整成二房二衛加一儲藏室的空間，勇敢捨下了一個房間之後，得到的是後陽台充裕的綠景與自然光線，像是幸福版的槓桿原理，僅微調小處空間換來大大美好生活。

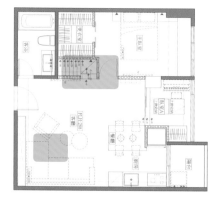

坪　　數	22 坪
格　　局	2 房 +2 衛 +1 儲藏室
居住成員	2 人
設計團隊 ＆圖片提供	蟲點子創意設計公司

01

01 **隱形門暗藏儲藏小空間。**面對電視牆的沙發角落空間並不寬廣，延伸出去的是房門與儲藏室門，設計師同樣以清水模漆塗佈整個背牆與門片，讓端景更擴大延長，輕鐵架軌道燈讓上方照明毫無壓迫感，單側直立燈既有高度調整的機能，開啟時的暖色光也為空間增添舒適暖意。

02 **開放空間拉高使用坪效。**礙於原始格局客廳空間因大門位置受到限縮，設計師以鐵件結合木作量體，讓沙發面對電視的端景能單純簡潔，牆面也多了不做滿的留白，鞋櫃則與電器櫃結合，型塑空間整體性，成功拉大格局視野。

02

03

04

03 隱形門擴大立面空間。客廳背牆以水泥粉光上色，並延伸至臥房門與儲藏室門，拉長空間公領域，房門關起就能收起房間內的複雜線條，表現場域完整性，自然放大空間。其中色溫較高的暖黃燈光作環境照明，讓隱形門片在開闔之際帶有藝術魔幻色彩。

04 以中島隔出兩種空間。舊格局中的獨立餐廳造成空間緊迫陰暗，設計師拆除了隔間牆，釋放後窗邊原有的光線與綠意，以中島串連長餐桌創造長形動線，更多了一小區書房空間打造在此區用餐、看書、工作的愜意生活畫面。

彈性格局
空間規劃要訣

CASE　02

原始格局又是隔間又是走廊的 15 坪小宅，一旦擺入家具就窒礙難行，所幸樓高是挑高的 3 米 4，設計師打開格局，調整動線減少畸零和浪費，並充分利用垂直空間，使中心點往外五步即可到達各個生活區塊，成功強化空間機能。

向上伸展的聰明微米平方

Before	After

坪　　　數	15 坪
格　　　局	1 房 2 廳 1 衛
居住成員	2 人
設計團隊 & 圖片提供	一葉藍朵設計家飾所

A Lentil Design
壹葉藍朵設計家飾所

01

01 **重新隔間改善生活品質。**原本陰暗無採光的次臥乾脆打開與客廳合併使用，以整面書牆作為主要視覺重心，書牆下妥善安置了原先屋主一直擔心放不下的舊沙發及邊桌，搭配簡單的電視櫃完成視聽娛樂功能的配置，客廳空間雖小卻實用舒適。整體公共空間的色彩和材質配置上主要為了營造可愛活潑、平易近人的印象，以白色作為大部分立面的基底色調，再從玄關、客廳加入檸檬黃的圓點一路跳躍到客廳窗上的藍色三角，再綴以木書櫃、梯踏溫暖的質樸溫暖木色。

02

03

02 架高地板解決畸零空間浪費。主人未來有育兒的計畫，考量新生兒與父母同睡並得放置嬰兒床的需求，臥房捨棄床架，以架高木地板取代床架，下方增設收納空間，不僅增加了儲物量，也讓化解了原本難以使用的斜角型臥室的缺點。主臥內以清新的馬卡龍色系色塊延續公共空間的可愛主題，又多了一點柔和感，讓人能放鬆安心。

04 複層設計滿足多樣需求。每個家永遠都有收不完的衣鞋、雜物，這讓收納需求在小空間裡更具挑戰。雖然是小小的 15 坪，在這 3 米 4 挑高空間裡，打造一座迷你閣樓可是綽綽有餘。平台上可置物，偶爾親友來訪也有地方過夜休息，未來小朋友長大，自然就是一處現成兒童房，更不用說貓咪可以開心的上上下下，而樓梯下方畸零區就是最佳收納空間，結合原先浪費的走道，馬上就轉變為女主人夢想的更衣室。

屋主入住這間約 12 坪大的空間至少已超過 8 年的時間，先前家人已經做了設計規劃，因屬於多重隔間的配置，較無法滿足現階段所需。因此，選擇重新裝修，便希望能還原空間應有尺度外，也能減少過多的隔間，讓自己與另一伴使用得宜，而兩隻貓咪也能舒適自在。

拆除不必要隔間，讓人與貓生活都更自在

Before

After

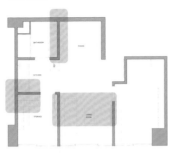

坪　　　數	12 坪
格　　　局	1 房 1 廳 1 衛
居住成員	2 人、2 貓
設計團隊 & 圖片提供	ST design studio

01 **機能界定使用不打折。**因業主家裡有飼養貓咪，故採取捨棄隔間設計考量，改以機能來作為小空間上的界定，另外空間中也加入展示型收納，既可順應屋主隨時調整陳列出各式蒐藏品外，最特別的是它們也能兼具「貓跳台」功能，讓毛孩子們可以隨心所欲地爬上爬下、盡情玩樂。

02 **有意義的挪動格局。**餐廳、廚房原先所在位置會讓格局變得過於破碎，於是設計師將兩者位置做了調整，一來順理成章地讓客餐廳整併在一起，並圍塑成一個完整空間，二來使用上也更加理想。有限環境下未必能配置過多實體櫃收納，於是設計師改以圓鐵管來做因應，吊掛衣物不再受限，也能讓生活物品成為最美的裝飾。

03 **保有空間層次感。**此臥房位置沒有變動，但設計師改以開放形式為主，並以電視牆來與客廳做區域上的劃分，這樣的作法可減少小坪數空間中不必要的牆面產生，既可將相異隔局之隔間牆立於同一直線上，又能讓環境保有層次感。

01

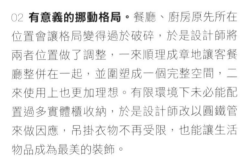

02

03

彈性格局
空間規劃要訣
CASE 04

善用畸零16坪花語宅

簡約中聞得到自然芳香，

喜歡鄉村風的女主人與喜歡現代簡約的男主人，風格相差十萬八千里，尤其是在只有 16 坪的空間當中做出最好的呈現，對設計師是個挑戰。寓子設計以現代元素成為空間基底，並使用軟件與飾品讓鄉村風氣息充分瀰漫其中。

Before

After

坪　　數	16 坪
格　　局	2 房 2 廳 2 衛
居住成員	2 人
設計團隊 & 圖片提供	寓子設計

01 **善用畸零空間，聰明收納生活更寬敞。**設計師將重點放在風格營造與機能的調整之上。在廚房空間增加電器收納與中島，既能當料理檯面也是兩人餐桌。而因為小坪數，畸零空間的運用更是重要，樓梯下方作為儲藏室，可收納行李箱與大型掃除用具，門片施以草綠色賦予鄉村風自然氣息。

02 **繽紛樓梯轉換公私領域，簡約娛樂室享受休閒。**以樓梯牆面作為吸睛主視覺，運用繽紛的壁紙轉換公私領域，而地下層設置娛樂室，讓友人來歡聚時能在此享受博弈之樂，也是臨時的客房空間；噴砂玻璃推拉門能吸引日光入室並隔絕噪音，並且亦能節省坪效。

03 **衣物吊掛滿足最大收納量。**在此案中唯一新增的就是臥房更衣室，吊掛收納是能容納最多衣物且是最節省空間的收納方式，因此坪數有限的情況下，設計師在更衣室中摒除櫃體，運用吊掛讓兩夫妻的衣物都能得到充分收納，也讓人有在裡面更換衣物的迴轉空間。

01

02

03

開放 × 隔屏解放採光，15坪微型放大術

原本有著兩房一廳一衛的這個案子，希望在有限的 15 坪達到最大的坪效，設計師運用「拆牆引光」的策略，改為開放式客餐廳與一房，即使只有單面採光，也令全室透亮；光線、視覺與動線在空間中自在的流動。

Before	After

坪　　　數	15 坪
格　　　局	2 廳 1 房 1 衛
居住成員	1 人
設計團隊 & 圖片提供	和和設計

01 拆除隔間牆空間更放大。 原本只有廚房與臥房單面採光，使得公共區域暗淡無光，設計師在不影響安全結構下拆除廚房與臥房共三面隔間牆，封閉式廚房的牆面成中島，而臥房則使用旋轉鐵件隔屏做隔間，日光得以灑落全室，室內並使用白色作為主色調，空間視覺也變得更加開闊。

02 地坪材質決定冷暖調性。 鞋櫃與客廳電視牆做結合，滿足收納也順勢劃出玄關空間。而另一方面，全室雖然是開放式空間，廳區電視牆使用特殊灰色塗料，深灰色沙發與仿水泥紋路磁磚的地坪營造公領域稍冷且低調的性格；轉入私領域，胡桃木人字拼讓腳的踩踏增添暖意，營造出溫暖的空間氛圍，僅用地坪就畫出場域界限。

03 波浪旋轉門折射光影律動。 主臥房內，隔間有別於一般彈性隔間，反而使用五扇旋轉隔屏，光線可依照門扇打開的方向與幅度產生折射律動，令空間光影更顯變化；而臥床背對公領域視線留有一點隱私與安全感，床尾後方半開放的位置則作為工作閱讀區，並在其後打造充足的衣櫃空間，將空間作出最大的運用。

01

02

03

機能結合活動隔間，創造人貓共享寬闊舒適生活

雖然只有一個人居住，不過因為屋主在家工作、也擁有許多藏書，加上又養了三隻貓咪，希望改善收納問題，同時給貓咪們寬敞舒適的生活空間，設計師利用彈性的活動摺窗，加上妥善整合機能等手法，滿足人與貓咪的需求，還讓空間有了放大的效果。

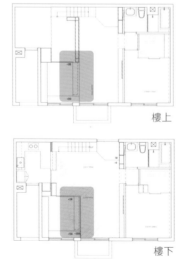

樓上

樓下

坪　　數	22.5 坪
格　　局	1 房 +1 書房
居住成員	1
設計團隊 & 圖片提供	裏心設計

01

01 活動摺窗可獨立可開放不受拘束。考量屋主單身一個人居住，又是在家工作的類型，因此設計師拆除客廳後方的隔間，選擇能彈性開闔的摺窗設計，當屋主需要專心工作、閱讀的時候，摺窗能闔起、避免貓咪們干擾，但視覺上仍維持通透延伸，而摺窗平台下更同時發展出書櫃機能，加上左側書牆，滿足屋主極大的書籍收納量。

02 挑高空間是閱讀、客房，也是貓咪樂園。利用挑高 3 米 6 的高度延伸出 2 樓格局，採取開放式設計，倚牆面規劃大面書牆，創造閱讀、休憩的居家圖書館氛圍，並利用此高度打造出貓咪們最愛的空中廊道，隔間部份依據貓咪們的身材體型，量身預留適合的貓洞尺寸，讓牠們能自在穿梭於每個空間當中。

03 樓梯、摺窗下隱藏豐富儲物。為兼具空間尺度與收納的雙重需求，除了讓樓梯下的每一個階梯都是可儲藏使用，位於沙發後方的摺窗下，則規劃為適切尺寸的 CD 收納櫃，機能增加了，空間也能寬闊通透。

02

03

空間串聯，坪效更升級──
合併動線的規劃要訣

「動線」屬於空間中動態的機能連結，若能聰明的串聯每個區域，將可讓起居坐臥的使用更加事半功倍，創造高坪效應用。只是如何透過設計連結區域、如何選對可連結的區域，都是必須考量的重點。

圖片提供／慕森設計

1【錯位隔間】打造洄游式動線

小坪數中打開局部隔間，往往能創造室內連續的動線，若能採取環狀、洄游式的走道設計，就可讓空間產生層次變化，每個區域之間不只一條到達路徑，加上隔間錯位的巧妙安排，讓視線有見不到底牆的感覺，也可創造空間放大感。

2【比例分配】從使用角度作規劃

受限於坪數不多的考量，規劃小坪數的屋型必須注意空間的比例分配，建議先思考自己及全家人平日習慣的生活動線，及個別空間的使用頻率，找出最重要的需求，避免將珍貴的空間浪費在不怎麼常用的設計上，例如不開伙的廚房，或是從沒人光臨的客房等。

3【機能走道】拉高空間坪效

走道作單一用途的使用其實是相對浪費空間的設計方式，若結合其它機能規劃，就能拉高空間的使用坪效。例如樓梯下可搭配收納設計，或者在走道兩側設計書牆或展示櫃等具美化兼收納安排，透過複合使用概念讓走道機能化。

4【活動設計】打破空間侷限

小空間若要提升坪效與動線的靈活性，可以多使用活動式的設計，像是常見的活動拉門。需注意的是，當住家左右寬度不足以容納門片尺寸時，可改為摺疊門片、收納於鄰近垂直壁面。

5【零干擾區】保護私領域

私領域要有相對的設計減少干擾，這也是小坪數設計時需要在動線安排上注意的重要事項，例如睡眠寢區、需專心讀書工作的書房等處，最好都能規劃在動線末端或是走動較少的邊陲地帶。

彈性隔間複合場域，17坪老屋化身超夯工業宅

15 年的老屋雖然採光優異，但原本的隔間使得住在裡面容易覺得狹窄不舒服，由於屋主是單身貴族加上特別喜愛工業風，因此設計師順勢將主臥格局加大、書房隔間打掉並與客餐廳串聯，並打破傳統思維，客廳沒有沙發反而是一張餐桌複合工作桌與鮮豔的黃色單椅讓空間使用更怡然自在。

坪　　數	17坪
格　　局	1房1廳1衛
居住成員	1人
設計團隊 &圖片提供	浩室設計

01

01 **玻璃彈性隔間放大空間阻隔油煙噪音。**一走入客廳空間磚紅色文化石與裸露天花及管現在在顯出濃厚的工業風，空間中跳脫傳統，沒有沙發，反而是以工作餐桌為主體，並於窗邊擺上復古茶几搭配鮮豔黃色單椅讓視覺聚焦。原本的書房隔間打掉並與客餐廳串聯並以玻璃推拉門做彈性隔間，有需要時能阻絕廚房的油煙與客廳的聲音，而書房的收納書牆與走道的粗獷牆面也是 Loft 風格的展演。

02 **反差材質營造衝突視覺。**廚房空間部分，牆面特別採以水泥粉光特殊處理，與 L 型櫥櫃斑駁感的木皮門片相互呼應，櫥櫃和中島吧檯的檯面則為不鏽鋼，金屬的亮面與粗糙感受的壁面與門片形成反差。而中島檯面除了可作為料理檯面外，亦可以是早餐吧台或是品酒區。

02

03 床頭運用窗框式設計搭配黑底延伸視覺。

有別於公共場域的工業風，主臥內運用溫暖簡單的配色呈現。床頭牆以深色木皮框出框架中間壁面則為黑色，有如一扇望向神秘黑夜的窗，不僅延伸視覺令空間放大，也賦予沈穩的舒眠場域；臥床區架高木地板並使用地板間接光源，營造輕盈效果也讓夜晚如廁更為安心。

合併動線
空間規劃要訣
CASE　08

10坪輕工業小宅，調整格局讓小宅重見日光

僅有 10 坪的小宅，因為原本隔間牆的阻礙加上只有單面採光，而使得家中部分空間顯得昏暗，設計師衡量屋主的使用習慣，打掉阻擋光線的隔牆，讓日光得以充滿全室，並回應屋主喜歡的輕工業風，內部使用許多鋼構線條並成為自然的場域區分，更透過白色作為空間主調，創造小坪數的穿透視覺。

Before

After

坪　　　數	10 坪
格　　　局	1 房 1 廳 1 衛
居住成員	1 人
設計團隊 & 圖片提供	慕森設計

01

01 **一桌三用實現最大便利與坪效。**考慮空間坪效與採光，沒有刻意做出玄關，反而在此擺放一個吧台桌，除了做出玄關與客廳的界限之外，也因為鄰近廚房更是直覺方便的用餐空間，此外，身為老師的屋主，難免有需要在家工作或是備課的需求，這時寬敞的桌面又搖身一變為閱讀工作桌面。

02 **重點區域跳色超吸精。**藍綠色的雙面櫃體和沙發，點出重點區域使客廳成為空間焦點。因為屋主平常喜愛攝影，設計師騰出沙發背牆，以金屬窗簾桿做成相片掛架，讓旅遊回憶在每天每日都能細細品嘗，並呼應牆面黑色燈具與 EMT 管的輕工業風。

02

03

04

03 **木地板深淺差異創造隱形界定。**窗邊臥床區使用墊高的木地板，隱形界定公私領域，而與客廳共同使用的雙面置物櫃也成為空間界定，上方以細緻白色鋼構形塑窗框，並借由植栽與飾品增添自然氣息。

04 **巧用地坪、櫃體隱形界定場域。**床鋪前方高 260 公分的複合式櫃體，上中下設計滿足所有收納需求，而靠近採光窗自然下沈的畸零空間則順勢成為更衣室，不需要特別設計門片就能保有足夠的隱私。

回字動線自在游走空間

自覺個性像貓咪一樣慵懶的女屋主，喜歡 Loft 風格的輕鬆舒適感，請到澄橙設計來做規劃，除了要求調整格局與動線外，並希望在空間裡能擁有臥榻及預設好的實用機能，與愛貓時而保有獨立關係，時而擁有更多的親密互動。

坪　　　數	17 坪
格　　　局	1 房 1 廳 1 衛
居住成員	1 人
設計團隊 & 圖片提供	澄橙設計有限公司

01 **清楚區分公私領域。**格局經過整併後，僅讓空間做最單純的切割，一側是公領域，另一側則是私領域。清楚做空間的定義後，則是透過機能重疊方式來應對，自廚房檯面延伸出來的吧台，成為簡易餐桌的一種；再往前則是以臥榻取代沙發，不僅生活動線順暢、機能齊全，人與貓都能輕鬆的享受空間。

01

02

02 **整併提升使用效率。**將原本的 2 房整併後改為 1 間大臥室,其中又再透過家具細分出睡眠、書桌、更衣室等區塊,在這兒,無論是梳洗後回到臥房重新換妝,抑或是先在書桌區閱讀後再入睡,使用與行走動線變得更加理想外,也找回臥房該有的空間尺度。

03 **轉換自如空間彈性大。**臥鋪旁即為更衣區,設計師為避免空間過於幽閉,以開放式吊掛式衣櫃為主,便於取得各式衣物,也能有助於加強環境採光性;衣物的收除了吊桿形式,另配置了階梯式五斗櫃,方便屋主做其他物品的收納管理,同時也能作為毛孩子的活動跳板。

03

整合全家人喜好習性，量身打造超坪效適切宅邸

屋主身為法式料理的廚師，卻沒有足夠空間享受在家下廚的樂趣，為了改善不良隔間和動線，設計師根據屋主的料理習性去做規劃，以廚房為中心，考量整體動線的流暢感，延伸至其他公共居家空間，同時滿足喜愛品茶的父親的需求。

坪　　數	23 坪
格　　局	2 房 3 廳 1 衛
居住成員	3 人
設計團隊 & 圖片提供	一它設計

01

01 型隨機能變,斜形動線更寬敞。

拆除一房打開公共空間,並以屋主重視的廚房為主軸做規劃,設計一個一體成型中島吧檯延伸餐桌,不規則幾何多邊形的輪廓,使得餐桌可容納更多人使用,每個角都是鈍角也比傳統長方形讓周邊動線更滑順。旁邊與廚具連接展示收納櫃,不與廚具平行,而是往客廳斜向延伸,沙發及電視櫃也採斜向設計,別具特色。

02 **用開闊窗面放大端景。** 設計師在陽台壁面栽種植生牆，與山景接壤，電視櫃下方的檯面與牆下的檯面齊高等寬，視覺上就像是穿透玻璃一直延伸至戶外陽台，感覺陽台也是客廳的一部分，電視櫃採以斜面的設計，順帶呼應了沙發、廚房側邊收納櫃皆以斜面的擺放，除了看起來協調一致，也能引導視線至室外的視覺焦點。

03 **多功能場域合併空間動線。** 屋主的父親喜歡品茶，而來訪親友偶爾也會留宿的需求，設計師規劃一個彈性的日式風格休憩空間，兼具茶室、客房臥榻等功能，架高地板鋪設抗潮的化纖仿榻榻米結合沙發座椅，設計為可彈性收放的多功能家具/設施，隨意變換成沙發椅、小通鋪或茶室。更進一步規劃位於臥榻下方抽屜式的櫃體，靠窗檯面也有設置上掀式的收納櫃。

合併動線
空間規劃要訣
CASE 11

開放動線的悠然樂活退休宅

邁入熟齡的退休夫婦倆，想重新規劃居住環境。擅長以獨特角度、迴游動線創造的開闊空間感的設計師，打破一般制式的空間規劃思維，使空間機能重疊，開放動線可以自在遊走，一點都不覺得小。

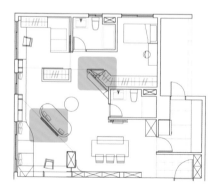

坪　　數	23.5 坪
格　　局	3 房 2 廳 2 衛
居住成員	2 人
設計團隊 & 圖片提供	將作空間設計

01 以客廳為軸心遊走全室的循環動線。
以客廳為公共空間的中軸，左右兩側分別為臥室與餐廳，後方為可獨立為客房的書房區，大臥室除了可藉由拉門分割為兩個房間，也有兩個獨立的門，未來如有需要其中一間可作為看護房。整體空間形塑出回字型、環繞的特色動線，消弭走道，形成自然的機能場所轉換，更寬敞、靈活。

02 以特殊角度切割空間，用細節線條引導視線。沙發及電視斜放使得後方的書房不需兩面牆就可隔出獨立空間；餐廳跟書房間的隔間櫃特地不靠牆，讓視線可以跟著一體成型的檯面線條一路深入，產生深廣的錯覺。

03 簡約色調與單純線條，清爽氛圍放大空間。淺色系會為有限坪數的小空間帶來放大效果，反光最強的白色更是加強採光的最佳選擇。空間主要以白色為基底，搭配淺木色地板減少天花板的壓迫感；深藍色單椅的鮮明色調是一片淡雅中唯一跳數的視覺重心，而藏有大量書籍，分屬兩個房間的書櫃以矮櫃銜接形成一直線，營造出空間的一體感，感覺更大。

01

02

03

整合延伸，活用畸零角——
空間放大的規劃要訣

空間受限的環境，每一寸土地都顯得彌足珍貴，想要破限坪數限制，就必須從各方面整合，並活用畸零角落。除此之外，採光決定了場域的舒適度，坪數愈少愈需要足夠的自然明亮創造開闊感，避免四壁空間帶來的窒息壓力。

圖片提供／三俩三設計事務所

1　整併畸零角，放大使用率

每個房子在屋形與樑柱結構下，多少都會遇到有畸零角的格局，小空間格外容易因樑柱形成緊迫不適。因此，藉由收納櫃或假柱，可包覆修飾畸零角同時增加使用機能；也可利用樑柱來做區隔空間的定位點，降低突兀。盡量將邊角隱藏，或想辦法融入格局中使之合理化，是小坪數最佳的思考方式。

2　向上延伸，創造更多空間機能

小坪數設計若只看平面使用面積，那麼能發揮的極為受限，但別忘了空間來自3個維度，可試著在規劃空間時朝著立體化的方向做設計，像是創造高低複層增收納、設計空中層板展示吊櫃等，能在有限的空間中做無限的擴增。

3　公領域整合，碎空間內收

集中開放區域中的活動場域，讓空間出現疏密差異，視野自然能更寬廣，小坪數空間也少不了「內收」的概念，儘量減少繁複的立面，將瑣碎的機能集中，例如臥房內將衣櫃與化妝檯統一整併、樓梯畸零地內收整合進儲藏區等，一來使用機能不打折，二來整體也更俐落。

4　提升透光度，創造寬敞視角

建築是固定的，想要破解小坪數在空間中的侷限，就需要攬進更充分的採光，開放式設計能讓空間更通透，開窗位置不盡理想的室內，則可選擇透光玻璃材質做隔間；如果是單面採光的格局，那麼光線更彌足珍貴，隔間時應盡量避免開在窗戶前，樓梯、動線也要避開配置在採光面。

30年老屋，巧妙蛻變成飽滿明亮宅

這是間屋齡超過 30 年以上的老屋，屋主一家四口原先就在這生活，不過，原本的格局配置使用效益不佳，且室內採光與動線也不盡理想，便期望透過重新裝潢找回空間該有的尺度，同時也讓該有的機能到位，賦予一家人更舒適愜意的生活環境。

Before

After

坪　　　數	25 坪
格　　　局	3 房 2 廳 2 衛
居住成員	2 大人、2 小孩
設計團隊 & 圖片提供	穆豐空間設計有限公司

01 **合理配置生活機能。**由於屋主一家共有四口人,且小孩又正值成長期,這之間還會有許多的生活物品衍生,於是設計師利用格局在玄關處配置了一間儲藏室,足夠屋主擺放各式生活用品、大型電器等,有效地做收納,空間也不會凌亂。由於儲藏室是重被整併過的,成為合理的存在更不阻礙到室內的使用動線與採光。

02

02 讓機能更到位。 原先的格局配置並無法擁有餐廳區，為了改善此問題，設計者先將過道納入成為廳區一部分，同時也將客、餐廳以及廚房做串聯，擴大公領域使用範圍，更重要的是找回餐廳機能。適度捨棄實牆後，改以玻璃隔窗作為隔間，區隔作用達到，又能成功地引入豐沛光線，讓室內更為通透明亮。

03

03 擁有各自專屬空間。 過去是一家四口是睡在一塊，但隨著小朋友年紀逐漸長大，為了能培養他們獨立的習慣，在這回翻修中也特別做了思量。設計者以鵝黃色調為主，讓空間看起來更加溫馨，兩個小孩的床鋪也加了量身訂製的床頭設計，女生是城堡、男生則是火車，專屬於孩子們的設計，也讓他們更願意在自己的祕密基地學習獨立作息。爸爸媽媽專屬的主臥就維持簡約調性，落地式櫃體也帶來大收納量。

融入光合作用，
徜徉綠色生活的日安小屋

雖然沒有陽台，不表示不能迎入暖陽、空氣和風，讓滿室綠色植栽行光合作用。設計師微調空間，安排一扇寬屏大窗搭配臥榻來強化與戶外空間的連結性，室內能有更多日光與空氣對流，格局簡單自然，打造恬靜居家。

Before   After

坪　　　數	15.5 坪
格　　　局	2 房 2 廳 1 衛
居住成員	2 人
設計團隊 & 圖片提供	三倆三設計事務所

01

01 麻雀雖小五臟俱全的客廳收納。
15.5 坪的小宅，必須以設計提高坪效滿足需求，收納是屋主特別關心的部分。窗下臥榻為客廳創造更多座位，不需另置沙發，就可解決親友來訪時聚會空間不足的問題，同時臥榻下方也是可收納物品的櫃體，窗邊兩端貼近牆柱的也是收納櫃，而電視牆後則是側開的玄關衣櫃和鞋櫃，精心規劃的配置，外觀整齊的線條清新色調，不會因櫥櫃量體增加空間負擔。

02 **自然色調舒緩空間緊迫感。**
全室採用高明度、低彩度的自
然大地色系，牆面以白、淺灰
為基調，搭配薄荷綠馬來漆
牆，視覺上能產生後退感，擴
大空間減少壓迫；淺色木家
具、木地板、淺灰地磚等自然
質感、不反光的材料作為跳色
設計，呼應讓家就像是會呼吸
成長的植物般的概念，實現屋
主期望的清新自然風格。

02

03

03 **開放式廚房呈現生活美學。**將客、餐廳與廚房間不必要的隔間牆拆除，廚
房作業區以一小段玻璃矮隔作為象徵性的區隔，減少走道畸零空間浪費，並讓
客廳景深放大，廚房的窗戶也增加通風採光。局部吊櫃採開放式收納，減輕視
覺上的壓迫感，納入植栽更呈現具生命力的生活美學。原本設計與廚房櫃體連
結的可伸縮隱藏餐桌，但後來屋主選擇木質活動餐桌，款式與六角地磚呼應，
也較節省預算。

9坪輕工業質感宅，破解格局超展開

原始空間格局有著隔間，讓在裡面生活感覺十分壓迫，因為屋主只有一人，且沒有結婚生子的考量，對於空間的需求其實很簡單，只要開闊、舒適、簡單，再帶點少許的工業風，即可滿足起居需求。設計師重新規劃開放式格局，原本作滿的夾層改以半開放式，讓日光得以撫照全室，且能藉此放大視覺感打造不壓迫的居家空間。

Before

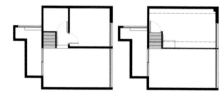

After

坪　　數	9坪
格　　局	1房1廳1衛
居住成員	1人
設計團隊 &圖片提供	寓子設計

01 **需求選擇適合家具放大空間。**設計師運用空間的錯層設計，利用高低差將公共空間分為客餐廳與書房兩部分，簡單做出界定。因為屋主工作關係外食居多，開放式的 L 型小廚房雖然不大卻已能滿足屋主平常料理輕食、偶而邀請朋友來家中聚餐的需求。而旁邊則簡單擺上一張單椅，隨手放上一幅畫作裝飾，誰說客廳一定要有沙發呢？

02 **6 分裝潢 3 分工業風，1 分則以獨特個性填滿。**空間地坪與牆面以灰色鋼石鋪陳，凸顯空間工業氣息。走下台階的書房區牆面以漂流木紋理打底，搭配老式縫紉機做桌腳的桌子及老件，空間中運用 6 分裝潢 +2 分工業風家具 +1 分工業元素做陳設，而最後的 1 分則由女主人的個性來填滿。

03 **降低家具高度視覺跟著開闊。**二樓夾層高度為 180 公分，在裡面行走也能優遊自在。臥房內以深藍色作為空間主調營造沈穩的舒眠環境，而簡單的收納櫃體以柔和藕紫色拉簾做開闔，臥床不使用床架直接平鋪木地板上，降低家具高度也令空間視覺跟著放大。

空間放大
空間規劃要訣
CASE 15

引光入室的透亮設計，
成功放大原本限縮的坪數

擔心過多實體隔間無法發揮環境該有的優勢，設計者將臥房、書房的隔牆改以玻璃、彈性拉門為主，拉門開闔的過程中，既能夠變化出舒適的空間尺度，也能將自客廳前端充沛光線、綠意景致引領入室，讓使用者就算身處於格局的末端也能將室外美景盡收眼下。

Before

After

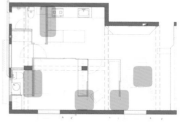

坪　　數	19 坪
格　　局	1+1 房 2 廳 2 衛
居住成員	2 人
設計團隊 & 圖片提供	六十八室內設計

01 玻璃框景框住最好的美景。這是間屋齡 35 年的老房子，設計者在設計前發現到鄰路的客廳區擁有一大面向陽優勢，便將格局前端最好的景致保留下來，並將書房隔牆改以黑玻為主，無論身處客廳、書房等地，都能感受到飽滿光線，以及欣賞到這美麗的景色畫面。

02 回字動線自在穿梭其中。過去的空間，在過多實體隔牆分割下，被切割的很零碎，也無法一展寬闊感受，於是設計者捨棄臥室與書房的實體牆，並改以彈性拉門為主，所創造出回字型動線，讓使用者能自在地穿梭其中，空間不再被切割、阻斷。

03 透明材質讓光線無限延伸。整合生活動線後，為了不讓小環境顯得壓迫，除了適度地在空間中揉入玻璃、塗料、水泥粉光等材質，增添空間層次與視覺上的變化。像是書房的隔間牆，改以黑玻為主，為的就是要將光線能從格局前端滲透至末端，讓整體都能飽滿明亮。

空間放大
空間規劃要訣
CASE 16

以簡約佈局，「框」出小空間的新感受

這間 **40** 年、**11** 坪大的小空間屬狹長形式，且唯一的採光面又只落於前端，於是，設計者選擇將臥鋪區安排在前段，中段為客廳區，末端則是廚房與衛浴區。空間裡，透過家具、設備來做各個使用環境的劃分，既不破壞室內的採光，同時也能替小住宅帶來通透感。

After

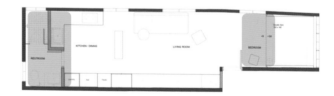

坪　　數	11 坪
格　　局	1 房 2 廳 21 衛
居住成員	1 人
設計團隊 & 圖片提供	Studio In2 深活生活設計公司

01 **「框」出空間新景致。** 雖空間僅 11
坪，但設計者仍期盼在小環境中創造出
另一個小臥室的感受，於是，特別在空
間中加入了「框」的設計概念，架構上
貼覆實木貼皮，當屋主身處其中，既能
感溫潤之餘還能有著被包覆的感受。

02 **家具作為隔間因子。** 因空間坪數不
大，設計者捨棄實體隔間來做劃分，改
以家具、設備等作為區分小環境的因
子，清楚定義出每一個使用區，再者也
能夠不破壞空間採光，替整體帶來通透
效果。

03 **隱藏讓使用更彈性。** 多數人在意的置
物需求，透過一大面整合各種收納機能
的櫃體來解決，舉凡衣物、電視、電器
到各式生活用品等，均能輕鬆、完整地
被放，甚至還在其中置入隱藏型餐桌與
餐椅，有需要時輕輕拉出即可，滿足使
用又能維持空間的一致性。

03

運用透玻調整採光，就能順勢放大空間視角

13 坪空間雖然不大，但有了大面落地窗就能創造良好採光和寬闊的空間景致，設計師更運用地坪高低差手法，區隔使用機能，創造空間縱深，浴室牆面採用透明玻璃的大膽設計，連小角落都更添通透感。

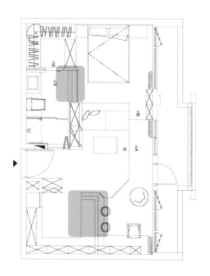

坪　　數	13 坪
格　　局	1 房 2 廳 1 衛
居住成員	1 人
設計團隊 & 圖片提供	將作空間設計

01 **室內外空間連接擴大使用空間。**
室外陽台架高地坪鋪設與室內書桌
餐廳區同高的松木地板，使得內外
空間得以串連，將戶外景觀引進室
內，室內動線可向外擴張延伸，自
入口至廚房、餐廳和客廳直到陽台，
都成為公共活動區域的一部分。

02 **高低差地坪創造空間縱深。**三段
高低差地坪，分割出第一層的客廳
及廚房，第二層的餐廳／書房及第
三層的臥室區等不同機能的活動空
間，大型家具也採靠近地面，類似
日式居家的低矮配置，使人自然產
生席地而坐的自在感，不但增添整
體空間縱深，感覺寬闊而不壓迫。

03 **全玻璃浴室通透具深度的視覺效
果。**由於目前空間僅一人居住，沒
有隱私的問題，大膽選用清玻璃作
為衛浴領域的隔間門牆，沙發旁的
收納櫃也是全玻璃打造，除了使主
人能在浴室享受山林景觀和自然光
線，玻璃和金屬框架創造既通透又
具層次的視覺效果。

01

02

03

提升機能，生活井井有條——
擴充收納的規劃要訣

小住宅的收納設計原則是分寸必爭，其中空間的使用度更是重點，如何在有限的空間中增強收納量，如何應用柱體樑下、假樑空間、樓梯下方等空間提升使用度，就顯得極為重要。而櫃體的設計重點在於應變設計，必須視現場條件來變化，每一寸空間都需要充分發揮坪效。

圖片提供／ KC design 均漢設計

1　運用小角落偷取大空間

透過各種小創意，收納空間可以無極限擴增，利用轉角過道、架高地坪甚至隔間牆等，都可以延伸出收納空間，只是設計時需分別注意要保留一定的走道寬度、架高高度要方便日常使用、預先規劃好兩側用途等等。

2　展示和儲藏彈性分配

房子愈是狹小，屋主任就愈需要透過「整理」的功夫，賦予空間最大的機能，才能避免壓縮空間坪數。將玄關、客廳必須容納的收納機能，整合設計一面櫃牆，隱藏鞋櫃、書櫃、收納櫃，局部開放式櫃格陳列展示用，電視牆下方懸空設計還能收納玩具箱。

3　讓隔間也能擁有複合機能

小住宅居住成員單純且關係親密，加上空間規劃時錙銖必較，因此在提升坪效的考量下不妨從隔間來偷空間，如藉由房間必備的衣櫥取代隔間牆，或是兩面皆可使用的旋轉電視架等，若擔心少了實牆隔音不佳，可將雙邊房間的櫃體背對背並排設計，就能保有與實牆一樣的隔音效果。

4　提高櫃體機能就是提高坪效

在小住宅中常可見到許多超能力的設計，其中多面向櫃體就是一例。為了讓櫥櫃的利用率提升，電視櫃或玄關櫃等常做雙面收納規劃，這些櫃體設計的主要原則是要能滿足周邊區域的收納需求，不只雙面櫃，甚至有三面或四個面向的立體櫃，而櫃內的應用區隔則可依屋主需要量身訂做。

5　依照物品使用區域設計收納

大型更衣室把衣服、鞋子、包包、配件等收在同一空間，有如豪華精品展間，但這與台灣住家普遍分裡外脫鞋的習慣大相逕庭，若將這些物品集中一處收納，可能會發生整裝出門前在家裡跑來跑去的情形。鞋櫃及書櫃規劃要依照習慣動線，鞋櫃最好在入門處，如門後方的空間。

平面 10 坪、夾層 5 坪的此案，本身是個長形空間，加上原本的格局封閉，動線、採光不良，使得視覺上感受十分狹窄且使用不便，因此在以「開闊、明亮、舒適感」打造的前提下，設計師打開空間，借此引光入室放大室內視覺感受，並運用具穿透性的材質令空間顯得更加開闊。

穿透感設計，15 坪小宅也能有超放大的應用

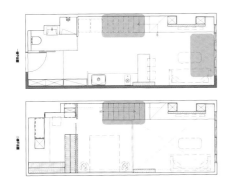

坪　　數	15 坪
格　　局	2 廳 1 房 1 衛
居住成員	1 人
設計團隊 & 圖片提供	和和設計

01 懸空鞋櫃與透光滑門設計解決玄關狹迫感。 原本的玄關因為同時要擺放鞋櫃，旁邊又是衛浴，動線十分狹窄，讓人進入室內時難有好心情，因此設計師將鞋櫃做懸空設計，讓視覺感到輕盈且能在下方放置拖鞋與臨時穿脫的鞋子，而另一邊的衛浴空間則將舊有、封閉的隔間拆除，換上以鐵框毛玻璃滑門，不顯壓迫又兼顧隱私。

02 雜物藏起來，空間變寬廣。 通往二樓的樓梯位於客廳中央，如果為了增加收納而將樓梯下方做滿，容易令視覺顯得狹隘難受，因此運用鐵件與鏤空營造空間輕巧感受，而電視牆面以白色文化石打底，並運用左側邊的空間收納電器，擺飾則能放在旁邊的展示層架上增添個人風格。

03 運用視線角度做收納。 小坪數收納更要妥善分配，看得到的地方運用穿透材質與設計：入口處的懸空收納鞋櫃、浴室的玻璃滑門、簍空的中島吧檯、不刻意作滿的樓梯下方區域、夾層主臥的玻璃隔間等，並適時利用目光不易停留的下方規劃具收納功能的櫃體，再搭配有效放大的色調，小空間也能有大感受呢！

01

02

03

WHEN YOU
dance
I FALL IN
LOVE
ALL OVER
again

擴充收納
空間規劃要訣
CASE 19

精算生活模式，
找出小宅的
100種可能

面對屋主手指都數不完的需求，卻要在 14 坪的空間中實踐，似乎是天方夜譚，設計師將空間分為三個區塊：客餐廳、書房與夾層臥房區，運用同質性、高度性將錯層的建築空間達到最大化的利用，並透過家具的變化型使用：旋轉餐桌、牆面活動收納等來滿足臨時增加的需求。

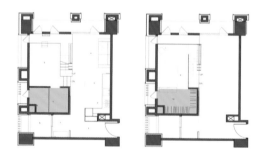

坪　　數	14 坪
格　　局	套房
居住成員	1 人
設計團隊	KC design studio 均漢設計

01 旋轉餐桌滿足空間與使用的最大值。 廚房與餐桌有著連貫性的同質需求，設計師將這樣的行為作出分析並置入在空間之中：開放式 L 型廚房將一側檯面設計為旋轉桌，讓小坪數空間運用與用餐需求中取得平衡，平常能享受寬廣的開放式空間，卻也能回應男屋主喜愛邀請朋友到家中聚會的期盼。

01

02

02 **善用錯層，找到生活最舒適方式。**「睡覺時我們是躺著的，工作、閱讀是坐著的，主要的動線我們是站著經過的」，設計師將這樣有趣的高度性發現運用在這棟錯層公寓中，挑高四米分成上下兩段，分別為寢臥區與書房空間，客餐廳維持挑高三米展現空間寬闊度，灰色沙發與同色施以藝術漆的地坪則延展視覺尺度。

03

03 **家具多元變化令空間得以串接。**因為空間的錯層設計，位於電視牆後方的書房得以降低三階，讓上下得到延展，而 L 型書桌下方也因此有收納行李箱、吸塵器等中型家電空間。而由書房壁面延伸至臥房區的洞洞牆面，可隨著收納的物品大小變換層架、櫃體，更能搭上繩索作為 TRX 的運動，增加了使用的彈性，並讓上下空間得以串聯。
爸爸媽媽專屬的主臥就維持簡約調性，落地式櫃體也帶來大收納量。

釐清生活需要，找出空間中的最大可能性

小坪數空間常受限於坪數，有機能「卡卡」、收納量不足的情況產生，此案屋主一家人已在這生活一段時間，隨著小孩逐漸長大，愈發覺得原空間的設計已不符合當下需求，決定透過重新翻修改善既有空間問題，也試圖從中找出空間收納與機能的最大可能性。

ENTRY

坪　　數	18坪
格　　局	2房2廳
居住成員	2大人、1小孩
設計團隊	穆豐空間設計有限公司

01

01 善用材質改善收納。過去的生活總顯凌亂最大原因在於未能在各個空間配置專屬的收納設計，於是 計者在玄關處以落地高櫃因應，充足的空間足以擺放一家人的各式鞋子。另外也在牆面處使用了洞洞板，並在其中加入圓棒即可用來吊掛包包、帽子……等，出門不再急急忙忙，而是能從容地準備好後再外出。

02

02 注入不同形式的收納。將客、餐廳整併，並在其中利用不同形式，找出收納的最大可能性。像是自玄關進入到室內，即可看到自電視櫃延伸出的展示櫃，用來擺放屋主一家人的生活蒐藏；轉至餐桌旁則屬於餐廳的餐櫃，檯面上可擺放相關小家電、下方則又可收納置物。至於客廳沙發，一部分轉作為臥榻形式，坐墊下方也能用來置物，各式物品能被有秩序的收納，有助維持家的整潔。

03 讓收納化零為整。有限空間下，設計者仍選擇在臥室內規劃一處獨立更衣室，讓相關的衣物、大型物品都能有效率的被收整在一塊，擺放容易也利於尋找。由於環境不大，但為了確保更衣室的通風與乾燥，特別在上方做了小氣窗的設計，藉由上掀式五金的運用，能讓這個小環境的空氣獲得良好循環。

03

天地壁埋入收納，無極限擴充小宅坪效

每個限縮的空間，都燒腦的挑戰，考驗設計師的解題創意！而這個 12 坪大小的房子，不僅得住進一家四口，還得設計出海量收納，看似棘手無比，但運用高低差創造的「空中空間」，及壁面、地表暗櫃，坪效不僅倍增，精算後採光照明更放大了視野，創造零壓迫感舒適小宅。

坪　　數	12 坪
格　　局	2 房 2 廳
居住成員	2 大人、1 小孩
設計團隊 & 圖片圖供	蟲點子設計

01 善用看不見的地方做收納。

考量四人居住的空間需要充足
的收納，但又得保持動線寬
敞，因此設計師把櫃體全都化
成家具，像是下方附有大抽屜
的沙發、窗檯下方設計掀蓋式
的櫃體等，充分利用所有看不
到的地方，同時埋入間接照
明，消減家具笨重感，伴隨自
然採光，空間自然透亮舒適。

01

02

02 **多功能櫃體，宛若變形金剛。**在考量水電管線遷移耗費勞力成本較大，又有安全疑慮，因此在不動廚房跟浴室的位置之下，設計師拆掉了原本的隔間牆，拿掉會遮擋視線的區隔物，空間自然放大；搭配白橡木的明亮質感，黃色、白壁面讓壓迫感減到最低，並崁入明、暗櫃，地坪雖小亦有五臟俱全的收納設計。

03 **頂天立地大櫃體，收取毫不費力。**另一側的區域作為休息睡眠之用，設計師以一道玻璃拉門取代笨重水泥牆，作為兩個房間的劃分；其中一房設計上下式床鋪，可一次容納 4 到 5 人休憩；特別設計的滑動式爬梯，不僅安全、方便，也讓高處收納櫃的物品更好收好拿，極具巧思！

03

擴充收納
空間規劃要訣
CASE 22

改造廚房，釋放空間換來大廳堂

屋齡 20 年的複層老屋，儘管居住者只有一位單身女屋主加上一隻狗，但 15 坪空間就是擁擠不堪，特別是 1 坪大的廚房僅容轉身，下廚料理總是說不出的麻煩。設計師妙手拆除兩道隔牆打造開放式餐廚區，不僅釋放空間，也大大提升通風採光，吃飯再也不用縮在茶几上，從此開啟了更有品質的生活。

After

坪　　數	15 坪
格　　局	1 房 1 廳
居住成員	1 大人、1 狗
設計團隊 & 圖片提供	一它設計

01

01 **少即是多，開放式設計讓坪效倍增。** 老
式空間格局總少不了獨立廚房，但在僅 7
坪的單層空間中，廚房的存在成了最大的
負擔，也阻擋了單面採光的光源，客廳狹
小陰暗。設計師拆除牆面打造開放空間，
並設計立柱增加收納，柱體兩側設有活動
式迷你餐桌，不使用時隨時收起，增加空
間使用彈性，客廳廚房空間重複運用，坪
效更高。

02 **善用階梯下方空間滿足收納需求。** 考量
50 歲屋主上下樓梯的安全性，設計師加裝
了原本沒有的扶手，樓梯下方為客廳靠近
廚區的位置，視高度放置電視櫃、冰箱與雜
物櫃，取用動線符合實際需要。

02

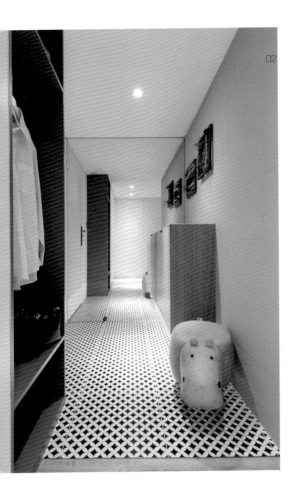

02

02 玄關巧思讓空間足足增2倍。房子玄關處原本較為狹小，設計師運用鏡面讓走道瞬間拉大，貼壁立櫃採開放式層架設計，讓空間壓迫感降到最低，櫃內增加包包衣物的收納，充分考量到大門進出順手擺放的需求。

03 色彩、材質、照明 圍塑適切無壓睡臥空間。沿樓梯而上的空間為屋主睡臥就寢區域，由於樓高較低，設計師捨去天花，並將所有照明嵌入櫃體、側牆，打造柔和不刺眼的光源；多處地方使用半透霧玻，讓視線延長；拉門後的微型更衣間不但承載大量收納，也少了實體衣櫃造成的複雜立面。長寬高三個維度都受限的空間，卻能以色彩、材質、照明打造適切的居住品質。
爸爸媽媽專屬的主臥就維持簡約調性，落地式櫃體也帶來大收納量。

CHAPTER

4

選對家具，
空間利用再升級

掌握尺寸比例，小家也能寬敞美好

玄關》機能設計尺寸圖解

客廳、書房》開放動線尺寸圖解

餐廳、廚房》活用櫃體尺寸圖解

房間、衛浴》層板巧思尺寸圖解

機能設計尺寸圖解

作為出入室內外的重要樞紐，玄關空間既需要有高度應用彈性，又必須具備方便收取的機能，愈是坪數受限的空間，玄關的流暢度與開闊度愈是重要，透過家具、擺設可以讓空間坪效更為活用。

插畫提供／黃雅方

玄關動線的基本原則

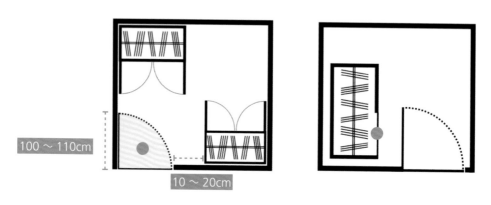

預留大門旋轉半徑及門邊 10~20 公分的距離，才能保持暢通的玄關動線。

　　坪數狹小的房型大多無法隔出獨立玄關，以地坪材質、屏風、鞋櫃等傢具簡單做出內外分界是最常見的手法，或是設計落塵區。在有限的空間裡，玄關位置與空間規劃與大門息息相關，設計首要考量大門的門片旋轉半徑，在門片打開的範圍內都要避免放置物品，以免造成出入困難。一般門寬多為 100 ～ 110 公分，若將鞋櫃放置在大門正面或側面，中間需預留 10 ～ 20 公分的空間；若放在門後，則櫃體要稍微往後退縮，另外也要注意到玄關櫃體門片是否有充分的開闔空間。空間窄小的玄關最好運用層架式櫃體，或是附橫移拉門的玄關櫃，也要根據自身使用需求安排動線與櫃體規模。另外穿衣鏡、包包和外套的衣帽架、穿鞋椅等，也要視可預留的坪數大小做規劃。

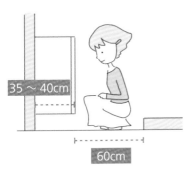

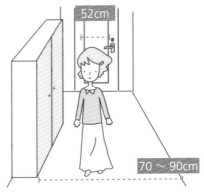

人的肩寬約 52 公分，走道要留 75 ～ 90 公分最佳，小坪數最少也要留 60 公分才不阻礙出入。

由於大門尺寸寬度落在 90 ～ 100 公分，因此門打開迴旋空間需要有 100 公分寬，並需預留 20 公分的站立空間，因此落塵區至少應以 120 公分見方設計。

玄關櫃體規劃重點

　　鞋櫃的擺放位置應在距離入口 120 ～ 150 公分以內的範圍最佳。狹長型玄關鞋櫃的最適位置會是在大門的兩側。開放式的大門空間（無玄關區域）可規劃落塵區，在大門與室內空間 120 公分見方做出 2.3 公分的高低落差，創造內外緩衝區，外出的髒污才不會帶進室內。依鞋子大小而言，鞋櫃的深度一般建議做 35 ～ 40 公分，如果要考慮將鞋盒放到鞋櫃中，則需要 38 ～ 40 公分的深度，如果還要擺放高爾夫球球具、吸塵器等物品，深度則必須在 40 公分以上才足夠使用。如果空間上允許，若能拉出 70 公分深度，可以考慮採用雙層滑櫃的方式，兼顧分類與好拿，層板可採活動式，方便屋主視情況隨意調整，保持靈活性。

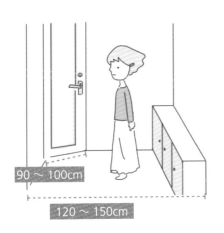

鞋櫃基本深度 35 ～ 40 公分最為適當，穿鞋椅高度略低於一般沙發，落在 38 公分左右；深度無一定限制，寬度可視玄關空間大小、需求做調整。

提升空間坪效的小家具應用

01 _ Dedal Bookshelf 壁掛架

深度僅 19 公分的壁掛架，適用於坪數受限的玄
關空間，作為展示、陳列使用，特殊造型能依需
要堆疊，機動性高。（價格：NT$13,000 ／圖片提供：
集品文創）

02 _ Cutter Mini Wardrobe 卡特 /
迷你層板掛架、矮凳

L 型層板掛架能以更小的空間、製造出更大的收
納內容，頂端的木條層板設計，讓你有更多置物
空間，更可以搭配同系列的置物盒一起使用，成
為活動式的抽屜空間，在牆面上垂直收納。（價格：
NT$12,800 掛架、NT$14,500 矮凳／圖片提供：集品文創）

03 _ Dropit 滴答 / 掛勾

別出心裁的木製水滴造型掛鉤。可單掛於牆面，
也可任意變換排列方式創造牆面有趣端景，適
合放在玄關大門附近區域，也適合作為小孩房收
納。（品牌：Normann Copenhagen ／圖片提供：集品文創）

04 _ Joy 環型旋轉七層置物櫃

打破框架，創作出的變形置物櫃，每一層板以連
結的骨架為中心點，能向左或向右 360 度環型
盛放，憑藉著出色的設計概念，在 1991 年獲得
金圓規設計獎（Compasso d'Oro Award）。是收
納櫃、擺放櫃，也是收藏展示櫃適合作為玄關處
的創意收納。（價格：NT$ 152,000 ／圖片提供：北歐櫥窗）

01

02

02

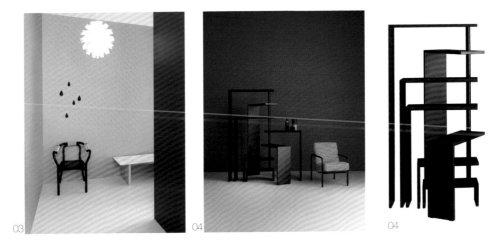

03

04

04

開放動線尺寸圖解

　　雖然愈來愈多人喜歡將客廳結合書房、餐廚，打造成開放式活動場域，然而若要考量影音設備及沙發會客動線，客廳基本上還是有固定的配置邏輯。此外，客廳同時也是招待賓客的場所，代表著屋主和家人成員的個性喜好與生活品味，如何在提升坪效之餘同時展現風格，就成為十分重要的規劃關鍵。

插畫提供／黃雅方

小坪數客廳動線的基本原則

　　坪數有限之下，客廳中各式家具、櫃體最好選擇在非主要動線上進行空間規劃，例如沙發背牆、電視牆的轉角處等，可以弱化櫃體的存在感。而收納櫃體的設計，應以簡單俐落的層架或壁櫃為主，避免落地式櫃體佔據太多的空間，材質上可以運用玻璃或是鐵件，讓櫃體線條更為輕盈，也避免使用過於厚重感的色彩（若有特定風格就不在此限），看起來就不會過於壓迫沉重。

　　此外，舊式房子原有的陽台很可能已經將陽台收納為室內坪數，只要建立出高低差，就能創造更多元的運用，地板墊高設計為臥榻，或是和式，下方還可以做收納櫃使用。善用空間現有條件來強化收納機能，更能有效提升使用坪效。

　　如何配置出適當的客廳動線呢？需將空間與家具綜合觀察。以深度105公分的沙發來計算，若加上75公分的走道和茶几，整體空間最少需有3.3公尺的深度，行走才不覺得窒礙。當然若選擇80公分深的沙發，相對釋放出空間給走道，舒適度自然提升。

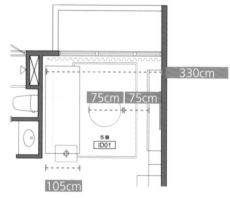

有限空間中若能選擇略為低矮的家具，空間相對顯得寬闊。

電視影音設備的收納尺寸配置

市面上各類影音器材的品牌、樣式雖然多元化，但器材的面寬和高度其實相差不多。設計手法建議可以在電視下方打造電器收納櫃，電器櫃上方的平檯空間，則可用來擺放展示品。視聽櫃中每層的高度建議約 20 公分、寬 60 公分，深度則抓在 45 ～ 60 公分，遊戲機、影音播放器等都可收納，也可以再添加一些活動層板等，留待未來有需求時可以調整層架高度和數量。

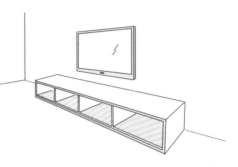

電視影音櫃體高度建議約 20 公分、寬 60 公分，深度則抓在 50 ～ 60 公分。

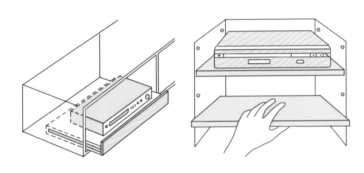

視聽櫃深度記得要預留管線空間，有些櫃體會預留孔洞方便屋主彈性調整層板高度。

視聽設備通常會堆疊擺放，因此視聽櫃中每層的高度約為 20 公分，寬度約 60 公分，記得要預留接線空間，深度通常落在 50 ～ 55 公分，建議不要小於 45 公分，以免無法擺放。至於承重的層板，也需要能夠調整高度，以便配合不同高度尺寸的設備。而方便移動機器位置的抽板設計，也是方式之一，但要記得若是特殊的音響設備，則需針對承重量再進行評估。

書房空間的規劃重點

書房可以是封閉式的空間，也可以作為開放式的閱讀場域，但必需是居家中可以靜下來的角落，同時能具有高收納機能。一般來說書櫃櫃體深度建議至少要

30 公分，層板高度則必須超過 32 公分，但如果只有一般書籍，就可以做小一點的格層，但深度最好還是要超過 30 公分才能適用於尺寸較寬的外文書或教科書。

格層寬度的間距最好避免太寬，導致支撐力不夠，書籍重量壓壞層板。為了避免書架的層板變形，建議木材厚度加厚，大約 4×4.5 公分，甚至可以到 6 公分，不容易變形，視覺上也能營造厚實感。

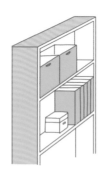

先確認書本大小再選擇收納櫃體，更能避免空間浪費。

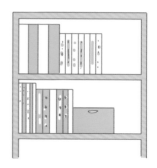

超過 90 公分寬的書櫃，層板材質需更堅固，或在中間加上立柱，避免負重超載。

展示層板尺寸配置

書量少的情況下，可把書本作為展示的一部分。設置深度約 5～8 公分左右的層架，讓書本封面正面示人，不僅不佔空間，也能美化環境，創造整齊舒適的立面空間。

展示型層架雖然收納量有限，卻能形塑出想要的空間端景。

提升空間坪效的**小家具應用**

01

02

03

01 _ Cloud 雲型疊櫃

塑料材質的 Cloud 雲型疊櫃，一體成形的藝術風
設計，不規則的有機造型可多個相組，讓空間有
更多變化。不論作為靠牆收納區或獨立放置，都
能創造家中特殊端景。（價格：NT$33,900 ／圖片提供：
北歐櫥窗）

02 _ Tate 書櫃層架系列

模塊化的設計為小空間提供貼心的收納方案。可
依需求和空間規劃挑選樣式加以組合，簡約的風
格保有永經典外觀，美麗的胡桃木飾面讓空間帶
有溫潤氛圍。（價格：NT$20,000~$42,000 ／圖片提供：
Crate&barrel）

03 _ Lottie 金屬壁掛收納架

金屬青銅漆面線形格籠收納架，具有高低不同的
層板設計，可以自由展示各種收藏和書籍，無論
在客廳、書房或是玄關，懸掛於牆上都能提升坪
效，讓使用更有彈性。（價格：NT$ 12,500 ／圖片提供：
Crate&barrel）

活用櫃體尺寸圖解

作為下廚、料理烹調及用餐的動態場域，小坪數住宅中餐廚空間的動線相對重要，各式物品的收納是否能便於取用，也成為實用性的關鍵，如果擺放動線凌亂，料理食物就容易顯得阻礙連連，用餐氣氛也大打折扣。

插畫提供／黃雅方

餐廳空間位置配比

比起廚房，餐廳相對單純許多，桌、椅、櫃是主要家具。其中首先要定位的是餐桌位置，無論是方桌或圓桌，餐桌與牆面間最少應保留 70 ～ 80 公分以上的間距，還要保留走道空間，必須以原本 70 公分再加上行走寬度約 60 公分，所以餐桌與牆面至少有一側的距離應保留約為 100 ～ 130 公分左右，使用上才有充裕的轉圜空間。

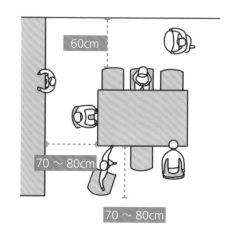

餐桌座位需要算好牆面走道的空間，才能有順暢的使用動線。

廚房動線的基本原則

廚房空間的型態較為多元，不論是開放式、獨立式，或是半開放，基本的動線空間都是一樣的，走道的寬度需維持在 90 ～ 130 公分，若為開放廚房，餐廳與廚房多採合併設計，餐桌（或中島桌）與料理檯面也需保持相同間距，可以讓二人錯肩而過，當料理檯面上的餐盤食物要放到餐桌時，只要轉身一個小踮步的距離，相當便利流暢。

餐廚合併的格局因省略了隔間牆，因而能共用走道動線，省下更多空間，在小坪數住宅中是十分常見的作法。規劃上可將一字型料理檯與中島餐桌做平行配置，或是用 L 型料理檯與中島餐桌搭配，或者是料理檯搭配 T 型的吧檯與餐桌，餐廚形式主要是取決於空間格局、動線和料理習慣而定。一字型的餐廚得預留足夠的走道寬度、餐椅拉出的空間寬度，一般來說 70~90 公分為佳。

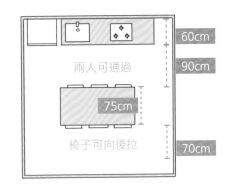

餐廚合一的空間雖然充分利用了坪效，但設計不好就可能影響動線。

吧檯與中島尺寸配置

比起獨立式餐桌椅，小坪數空間選擇以吧檯或中島延伸廚房機能，並取代餐桌的作法已愈來愈普遍。中島的基本高度與廚具相同落在 85 ～ 90 公分，若想結合吧檯形式則可增高到 110 公分左右，再搭配吧檯椅使用。一般中島（含水槽）的基本深度約 60 公分，也可以嘗試適度增加其深度，賦予廚房更多收納機能的同時，也能讓部分空間提供外側餐廳或公共區域。吧檯檯面高度一般約 90~115 公分不等，寬度則在 45 ～ 50 公分之間；吧檯椅應配合檯面高度來挑選，常見有 60 ～ 75 公分高，就人體工學角度較為舒適。

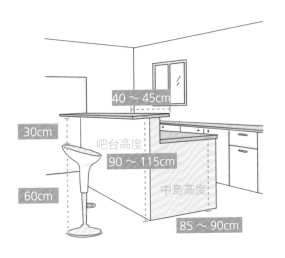

若想選擇適合的椅子高度，務必選擇比桌面或檯面低 30 公分的高度為佳。

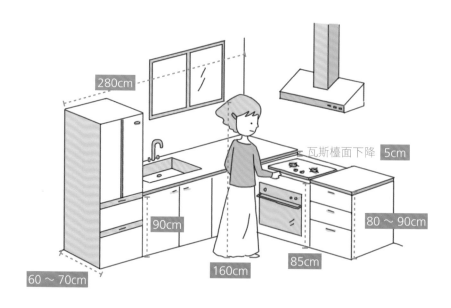

280cm

瓦斯檯面下降 5cm

90cm

80 ～ 90cm

60 ～ 70cm

160cm

85cm

一般料理動線依序為水槽、備料區和爐具，中央的備料區以 75 ～ 90 公分為佳。

餐櫃尺寸配置

　　餐廳中的櫥櫃設計包羅萬象，但最終仍需考量實用功能，形式與尺寸都隨機能而定，可分為展示櫃、餐邊櫃，另外，廚房電器櫃也有移至餐廳內的趨勢。有些餐櫃尺寸是以空間尺度量身訂作，而慣用餐邊櫃高度約 85 ～ 90 公分，展示櫃則可高達 200 公分以上，至於深度多為 40 ～ 50 公分，收納大盤或筷類、長杓時更方便。

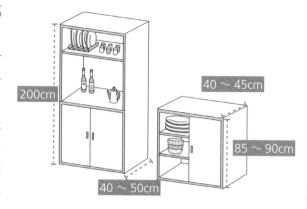

200cm

40 ～ 45cm

85 ～ 90cm

40 ～ 50cm

餐櫃尺寸是以空間尺度量身訂作，而慣用餐邊櫃高度約 85 ～ 90 公分，展示櫃則可高達 200 公分以上。

提升空間坪效的小家具應用

01 _ ALLY 收納車品酒系列

巧妙地把品酒的各項器物收納到方便就手的酒櫃推車。在實用的功能中能體驗出細部設計上的嚴謹與精緻。頂部置物盤既深且寬方便放置食品，兩側貼心把手方便移動亦可置掛擦布，而推車本身不僅可以倒掛酒杯，底部雙層酒架可儲放 10 瓶酒。（價格：NT11,800／圖片提供：nest 巢‧家居）

02 _ 8 層廚房鍋架

多功能鉚接鋼製鍋架簡約外型設計。使用卓越的熱軋鋼，經錘製與耐久壓克力塗層加工。八層漸層鍋架能放置所有尺寸的鍋具和食譜；三個掛鉤可懸掛最常使用的廚具。擺放在牆邊角落，讓空間作最大發揮運用。（價格：NT: $6,500／圖片提供：Crate&barrel）

01

02

03

03 _ One Step Up 步步高升／書架

烤漆鋼板製成的層板，以兩條實木桿支撐，呈現簡約俐落的現代風格，共有高、低兩種尺寸可供選擇，不論作為展示櫃、書櫃、甚至放置烤箱或微波爐的櫥櫃，都能展現閒逸生動的居家風情。（價格：NT$22,500／圖片提供：集品文創）

層板巧思尺寸圖解

　　臥房和衛浴皆屬於高度私密且個人化的空間，整體的使用機能與配置與生活習慣息息相關，臥房空間中床位、大型落地櫃宜優先決定，再漸次規劃其它家具；衛浴空間則依其型態作劃分。

插畫提供／黃雅方

臥房動線的基本原則

　　臥房中最主要的家具是床，決定床的位置之後，只要有適當距離櫥櫃擺放就不是難事。一般單人床尺寸（寬 × 長）為 106×188 公分、雙人床 152×188 公分，以此可推算出適合臥房的尺寸，但若真的想擺大床，可從減少如床邊櫃、梳妝檯的配置，挪出多餘空間使用。床位確定後，先就床的側邊與床尾剩餘空間寬度，決定衣櫃擺放位置，若兩邊寬度足夠，則要注意側邊牆面寬度若不足，可能要犧牲床頭櫃等配置，床尾剩餘空間若不夠寬敞，容易因高櫃產生壓迫感。

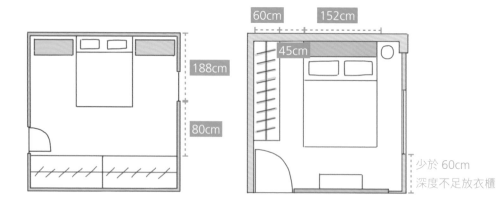

將床靠牆擺放，床尾剩餘空間（包含走道空間），通常不足以擺放衣櫃，因此衣櫃多安排在床的側邊位置，較不佔空間的書桌、梳妝檯則移至床尾處。

衛浴空間尺度規劃

　　衛浴空間的型態以乾濕區為規劃基礎，主分為洗手檯和馬桶的乾區與淋浴空間或浴缸的濕區。規劃時洗手檯和馬桶需優先決定，剩餘的空間再留給濕區。淋浴空間所需的尺度較小，若是在小坪數的空間建議以淋浴取代浴缸，甚至空間再更小點，可考慮將洗手檯外移，洗浴能更為舒適。馬桶尺寸面寬大概在45~55公分，深度為70公分左右。由於行動模式會是走到馬桶前轉身坐下，因此馬桶前方需至少留出60公分的迴旋空間，且馬桶兩側也需各留出15~20公分的空間，起身才不覺得擁擠。

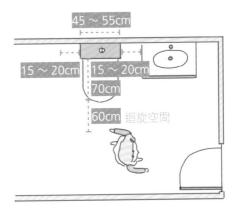

馬桶前方需至少留出60公分的迴旋空間，才符合使用的基本需要。

臥房櫃體尺寸配置

　　成人的肩寬平均為52公分，以此推算衣櫃深度至少需要60公分，密閉式櫃體則需將門片厚度及軌道計算進去，衣櫃深度為70公分。而單扇門片約為40～50cm公分，整體衣櫃的最小寬度約在100公分左右。開闊式櫃體走道至少需留至45～65公分。

　　若是空間縱深或寬度不足，只擺得下一張床鋪的情況下，不如利用垂直空間，讓櫃體懸浮於床頭或床尾的上方。一般床組多會預留床頭櫃空間，或者有人忌諱壓樑問題而將床往前挪移，

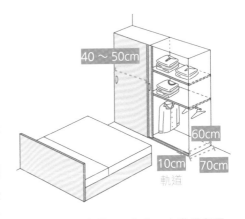

衣櫃深度需60公分，走道需留至45～65公分最佳。

在缺乏擺放衣櫥空間，或者收納不足時，便可利用床頭櫃上方空間，打造收納櫥櫃，解決收納需求。

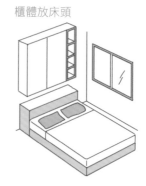

床頭空間若運用得宜，就能賺到高收納機能。

浴廁櫃體尺寸配置

洗手檯本身的尺寸約在 48 ～ 62 公分見方，兩側各再加上 15 公分的使用空間，這是因為在盥洗時，手臂會張開，若是將臉盆靠左或靠右貼牆放置，使用上會感到侷促，因此左右須預留張開手臂寬度的位置。洗手檯離地的高度則是約在 65 ～ 80 公分，盡量可做高一些，可減緩彎腰過低的情形，而家中若有小孩或長者，則以小孩和長者的高度為依據，避免過高難以使用。

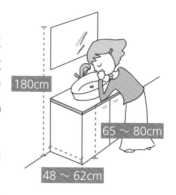

洗手檯可盡量做高一些，不僅能避免噴濺，還可減緩彎腰過低的情形。

若要使用鏡櫃，須注意手碰到鏡櫃的深度是否會太遠。這是因為在人和鏡櫃之間會有洗手檯，若是洗手檯深度為 60 公分，且鏡櫃內嵌於壁面中，洗手檯深度加上 15 公分的鏡櫃深度，手伸進去拿物品的距離就有 75 公分，身體必須前傾才能拿到。若是小孩或長者，則更加困難。一般建議手碰到鏡櫃內部的深度為 45 ～ 60 公分之內。

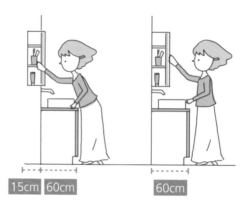

洗手檯上方通常為鏡櫃，並有內嵌式或外掛式兩種配置方式。

提升空間坪效的小家具應用

01

02

01 _ Towel Ladder 階梯／毛巾架

俐落造型隨性斜搭就能成為個性兼具實用的收納架，粉質塗裝的金屬結構低調內斂，如梯子的多格橫桿擁有充分的收納空間，能自由移動位置，放置在浴室可以當做毛巾架，甚至浴袍也可以隨意掛置在其上，也可以放在起居室當掛衣架使用。（價格：NT$16,800／圖片提供：集品文創）

02 _ 多功能收納櫃

寬敞的開放式儲物格可依不同需求存放物件，包括瓶罐、衣物、擺飾等。側邊旋開的抽屜則可收納証照文件或個人私密物品；底層附門的儲藏格內附層板，體貼地照顧到不同儲存收納之需求。頂部置物盤，可依使用習慣及需求隨意擺放任何家居用品或辦公物件。（價格：NT$16,800／圖片提供：nest 巢 · 家居）

03 _ ELVARLI 衣物收納架

針對空間較為狹小的臥房，開放式的層架將比密閉式的衣櫃更具有空間利用的機能，其收納組合也可依不同空間調整，是能高度彈性變化的衣物收納神器。（價格：NT$17,750／圖片提供：IKEA）

03

KC design studio 均漢設計 02-2599-1377	日作空間設計 03-2841606
ST Design Studio 0975-782-669	朵卡設計 0919-124-736
一它設計 03-733-3294	和和設計 02-2771-1838
一葉藍朵設計家飾所 0935-084-830	奇典設計 02-2181-1619
三倆三設計事務所 02-2766-5323	非關設計 02-2784-6006
工一設計 02-2709-1000	浩室設計 03-367-9527
六十八室內設計 02-2394-8883	將作空間設計 02-2511-6976
Studio In2 深活生活設計 02-2393-0771	寓子設計 02-2834-9717

游玉玲設計	北歐櫥窗
0933-911-370	02-8772-6060
裏心空間設計	集品文創
02-2341-1722	02-2763-7388
慕森設計	Crate&barrel
04-2376-1186	02-2720-2677
澄橙設計	nest巢・家居
02-8751-8057	0800-058-817
穆豐空間設計	IKEA
02-2958-1180	02-8069-9005
優士盟整合設計	Bon Maison 栢悅國際
02-2321-7999	07-332-7676
蟲點子創意設計	
0922-956-857	
構設計	
02-8913-7522	

國家圖書館出版品預行編目資料

不換屋！家的重生改造計畫：9～30坪原地改造必看，小住宅超坪效進化術／漂亮家居編輯部著. -- 一版. -- 臺北市：麥浩斯出版：家庭傳媒城邦分公司發行, 2019.04
面；　公分. -- (Solution；116)
ISBN 978-986-408-480-7(平裝)
1. 房屋 2. 建築物維修 3. 室內設計
422.9　　　　　　　　　　108002739

Solution116

不換屋！家的重生改造計畫
9～30坪原地改造必看，小住宅超坪效進化術

作者	漂亮家居編輯部
責任編輯	施文珍
採訪編輯	施文珍、張景威、余佩樺、李與真、許嘉芬、高寶蓉、劉真妤
插圖製作	黃雅方
攝影	Amily
美術設計	鄭若誼
美術編輯	鄭若誼、楊雅屏
行銷企劃	廖鳳鈴、翁敬柔

發行人	何飛鵬
總經理	李淑霞
社長	林孟葦
總編輯	張麗寶
副總編輯	楊宜倩
叢書主編	許嘉芬

出版　城邦文化事業股份有限公司 麥浩斯出版
　　　地址：104 台北市中山區民生東路二段 141 號 8 樓
　　　電話：02-2500-7578
　　　傳真：02-2500-1916
　　　E-mail：cs@myhomelife.com.tw

發行　英屬蓋曼群島商家庭傳媒股份有限公司城邦分公司
　　　地址：104 台北市中山區民生東路二段 141 號 2 樓
　　　讀者服務專線：02-2500-7397；0800-033-866
　　　讀者服務傳真：02-2578-9337
　　　訂購專線：0800-020-299（週一至週五上午 09:30 ～ 12:00；下午 13:30 ～ 17:00）
　　　劃撥帳號：1983-3516　戶名：英屬蓋曼群島商家庭傳媒股份有限公司城邦分公司

香港發行　城邦（香港）出版集團有限公司
　　　　　地址：香港灣仔駱克道 193 號東超商業中心 1 樓
　　　　　電話：852-2508-6231
　　　　　傳真：852-2578-9337
　　　　　電子信箱　hkcite@biznetvigator.com

馬新發行　城邦（馬新）出版集團
　　　　　地址：Cite（M）Sdn.Bhd.（458372U）
　　　　　11,Jalan 30D ／ 146, Desa Tasik, Sungai Besi,
　　　　　57000 Kuala Lumpur, Malaysia.
　　　　　電話：（603）9057-8822
　　　　　傳真：（603）9057-6622

製版印刷　凱林彩印股份有限公司
　　　　　版次：2019 年 4 月一版一刷

定價：新台幣 399 元
Printed in Taiwan

ISBN 978-986-408-480-7